JN296869

小形アンテナの基礎

工学博士 森下 久 著

コロナ社

まえがき

　アンテナの小形化という問題は，マルコーニが1901年に大西洋横断の無線通信に成功して以来，研究・検討が続けられている古くて新しい課題である。小形アンテナとは何を指すのか。まず，その語感が示すイメージとこれから述べる小形アンテナの定義とを区別して認識しておく必要がある。

　まず実際の大きさによる分類が考えられる。物理的な寸法をもって小形か否かを判断することは当然のことであろう。

　例えば，ミリ波アンテナは手の平程度の大きさであり，物理的な寸法（長さ）が小さいという理由で，アンテナは小形であるということができる。これに対して，マルコーニが用いたアンテナは，建物より十分に大きなアンテナである。実際に，このアンテナは高さが48 mの2本のマストを60 m離して配置し，そのマストの間に支持用の水平ワイヤを張り，扇状にワイヤを支持する構造となっており，物理的な寸法としては小形とはいえない。

　しかしながら，アンテナの動作は使用波長に対する電気的寸法に依存するのであって，みための寸法ではない。その意味で，ミリ波ホーンアンテナのように開口長が使用波長よりも大きい場合，たとえ物理的に小さいとはいっても小形アンテナに分類することはできない。また，マルコーニのアンテナの場合，その使用波長の1/10程度であるため，電気的には小形アンテナと分類してもよいだろう。この他にも小形アンテナを分類する方法がいくつか知られている。小形アンテナの定義・分類については本書の2章で詳述する。

　小形アンテナには二つの主要な課題があると考えられる。その一つは，小形アンテナの特性に関する研究として，もう一つは，小形アンテナ，特に電気的な小形アンテナを実現するための手法に関する研究として展開される。前者は，おもに電気的な小形アンテナの本質的な特性に関するものであり，多くの

研究者によって長い間研究されてきた。

　それらの中で，小形アンテナの限界が最も関心の高い課題であるとともに依然重要な問題として残っている。この問題は，直接，高利得あるいは広帯域な小形アンテナをいかに実現するかに関連する。小形アンテナの物理的限界は，はじめ Wheeler によって，つぎに Chu によってそれぞれ 1947 年と 1948 年に議論された。以来，小形アンテナの問題は多くの研究者の間で，特に物理的限界と結びつけてアンテナの Q 値，利得，帯域幅および効率に関して議論されてきた。

　一方，実際に用いる小形アンテナを実現するために，さまざまな努力が現在においても引き続き行われており，これはまた，同時に物理的限界にできるだけ近づけた特性を有する小形アンテナに関連する。

　ここで，アンテナを小形化する手法について考えてみよう。アンテナの種類を問わず，小形化する手法は，大別して電流経路の変更，材料の装荷，整合回路の付加ということができる。電流経路の変更では，共振経路長を変えずに電流経路を変更することで小形化を図る。共振経路長を保つことは，入力インピーダンスの虚部を 0 とすることと等価である。材料の装荷では，材料内で波長が短縮されることを利用して小形化を実現する。整合回路の付加では，文字通り整合回路を付加することに加えて，短絡ピン，スタブ，インピーダンス装荷という手法により電流分布を制御することを含む。

　近年，移動通信分野において小形アンテナの要求は緊急的である。この分野では，携帯電話のような移動端末の数が爆発的に増加している。移動端末用アンテナは小形であるだけではなく，端末機器内に組み込まれて，しかもいままでの場合よりも同等以上の性能を有することが要求される。実際に，利得と帯域幅は，アンテナ寸法が変わってもまったく同じになるように維持されなければならない。また，端末によっては多周波あるいは広帯域動作に対応できることが要求され，それに用いるアンテナも同様である。これらの要求は，データ，ビデオ信号およびコントロール信号の伝送に適用される，多様な無線システムにおいて展開されてきている。

その代表例として，屋外ネットワークのみならず屋内を含む無線 LAN システムやデジタルテレビ放送があげられる。それらには小形，広帯域でしかも高利得を有するアンテナが要求される。その要求は，屋内アンテナ，屋外アンテナだけではなく，車両用アンテナについてもできるだけ小形・軽量でなければならない。また，ダイバーシチあるいは適応制御機能は車両用アンテナに対して必然的である。

さまざまなタイプの小形アンテナがいままで開発されてきた。平板で低姿勢なアンテナが代表的である。実用的な例が，平板逆 F アンテナ（PIFA），パッチアンテナおよびマイクロストリップアンテナ（MSA）である。一方，線状アンテナの例がノーマルモードヘリカルアンテナ（NMHA），メアンダラインアンテナ（MLA），逆 L アンテナ（ILA）などである。

フェライトおよび誘電体のような材料は，アンテナの寸法を小さくするために用いられる。セラミックチップアンテナ（CCA）およびフェライトコイルアンテナが実例である。それらの中では，極小セラミックチップアンテナが，1.5 GHz 帯の小型移動端末への応用として，数ミリ平方の大きさで作られている。それは，現在の最新技術によって生産される小型移動端末用として用いられる，物理的に最も小形なアンテナと考えられる。

本書では，小形アンテナの基本事項，解析法，応用例などを，小形アンテナを学ぶ初心者に対してわかりやすく解説している。1 章では，アンテナ特性解析を行うときに便利なアンテナの基礎理論について解説する。2 章では，アンテナの小形化の基礎として，基本的なモノポールアンテナおよび板状系アンテナの小形化について述べ，小形化手法とその影響について解説し，手法に関連して小形アンテナの定義・分類を行う。3 章では，携帯電話の実用アンテナとして代表的な逆 F アンテナを取り上げ，その小形化について述べる。4 章では，小形アンテナの測定について述べる。内容としては，測定時に考慮すべき事項，平衡・不平衡変換，近接導体の影響，放射効率の測定および光ケーブルを用いた測定法などである。5 章では小形アンテナの設計事例について紹介する。人体の影響を軽減することを目的にした携帯端末用平衡給電型アンテナを

取り上げ，小形化などの設計概念に基づいたアンテナの発展型を提示・解析するとともに，解析に用いた電磁界シミュレータを比較検討する。その際，人体モデルを含めた解析結果も示す。6章は，最近の小形アンテナの動向としてRFID（radio frequency identification）とEBG（electromagnetic band-gap structure）構造を含むメタマテリアルについて紹介する。

　本書は，電子情報通信学会アンテナ・伝播第2種研究会のワークショップ（第32回）の内容を基本としており，そのときの実行委員会の皆様には大変感謝致します。また，日頃からご助言を頂いてきました筑波大学名誉教授の藤本京平先生，平沢一紘先生，防衛大学校教授の山田吉英先生に深謝致します。本書の出版にあたって，お世話になった新潟大学石井望准教授とコロナ社に感謝の意を表します。最後に，図の作成，校正などさまざまな面で協力してくれた研究室の学生に謝意を表します。

2011年3月

森下　久

目　　次

1章　理　　論

1.1　伝送線路理論···1
1.2　マックスウェルの方程式···6
1.3　複素電磁界···8
1.4　境界条件···9
1.5　ベクトルポテンシャルとスカラポテンシャル······················10
1.6　遠方電磁界とポテンシャルベクトル······························12
1.7　微小ダイポールアンテナと微小ループアンテナ····················14
1.8　イメージ理論··18
1.9　指向性と利得··20
1.10　共振と帯域幅··23

2章　小形アンテナの基礎

2.1　小形アンテナの定義と分類·····································26
2.2　モノポールアンテナの小形化···································28
　2.2.1　逆　L　型···30
　2.2.2　逆　F　型···31
　2.2.3　ヘリカル型··33
　2.2.4　材料装荷··34
　2.2.5　トップローディング······································35
　2.2.6　整合付加··35
　2.2.7　インピーダンス装荷······································35
2.3　平板アンテナの小形化···36
2.4　小形アンテナの特性···41
　2.4.1　全　　般··41

2.4.2	入力インピーダンス	41
2.4.3	帯域幅	42
2.4.4	アンテナの Q 値	43
2.4.5	放射パターン	43
2.4.6	電気的体積	44
2.5	小形化手法とその影響	44
2.6	小形アンテナの具体例	48
2.7	小形化の限界	48
2.8	広帯域化手法	50

3章　小形アンテナの実現手法

3.1	逆 F アンテナの動作原理	54
3.1.1	全般	54
3.1.2	線状逆 F アンテナ	55
3.1.3	板状逆 F アンテナ	55
3.2	形状による小形化	59
3.2.1	インダクタンス値を増加させる方法	60
3.2.2	キャパシタンス値を増加させる方法	60
3.3	材料による小形化	61
3.3.1	誘電体	61
3.3.2	磁性体	61
3.4	整合技術	63
3.4.1	短絡素子	64
3.4.2	リアクタンス装荷（集中定数素子）	65
3.4.3	リアクタンス装荷（分布定数素子）	65
3.5	グランド板の影響	67
3.5.1	筐体上の電流からの放射メカニズム	67
3.5.2	筐体長と放射の関係	68
3.5.3	筐体上の電流抑制	69

4章　小形アンテナの測定

- 4.1 測定時における注意事項 … 70
- 4.2 同軸ケーブルを用いた測定 … 73
  - 4.2.1 不平衡給電型アンテナの測定 … 73
  - 4.2.2 平衡給電型アンテナの測定 … 74
- 4.3 小型発振器による測定 … 76
- 4.4 光ファイバを用いた測定法 … 77
  - 4.4.1 光ファイバを利用する利点 … 77
  - 4.4.2 放射特性測定 … 78
  - 4.4.3 インピーダンス測定 … 82
- 4.5 放射効率の測定法 … 85
  - 4.5.1 パターン積分法 … 85
  - 4.5.2 Wheeler cap 法 … 87
  - 4.5.3 Q ファクタ法 … 89
  - 4.5.4 ランダムフィールド法 … 90
- 4.6 複素アンテナパターンの測定法 … 91

5章　携帯端末用小形アンテナの設計事例

- 5.1 設計概念 … 93
- 5.2 平衡給電型折返しループアンテナ … 96
  - 5.2.1 平衡給電型アンテナ … 96
  - 5.2.2 折返しダイポールアンテナのステップアップ比 … 98
  - 5.2.3 折返しダイポールアンテナの自己平衡作用 … 101
  - 5.2.4 折返しループアンテナの構造 … 103
  - 5.2.5 電磁界シミュレータによる解析 … 105
  - 5.2.6 電流分布特性 … 107
  - 5.2.7 入力インピーダンス特性 … 110

5.2.8	放 射 特 性	112
5.3	人体近傍時における平衡給電型折返しループアンテナの特性	114
5.3.1	アンテナと人体モデルの構成	115
5.3.2	電 流 分 布	116
5.3.3	放 射 特 性	117
5.4	L字型折返しモノポールアンテナ	119
5.4.1	アンテナの構造	121
5.4.2	入力インピーダンス特性	122
5.4.3	放 射 特 性	123
5.4.4	構造パラメータの検討および特性解析	124
5.4.5	PIFAとの比較を考慮したLFMAの特性	126
5.4.6	アンテナの小形化の定量的評価	134
5.4.7	ま　と　め	136

6章　最近の小形アンテナの動向

6.1	RFID用小形アンテナ	138
6.1.1	RFIDの概　要	138
6.1.2	小形アンテナの主要電気定数	141
6.1.3	超小形アンテナの実例	143
6.1.4	超小形アンテナのさらなる小形化	149
6.2	メタマテリアルを用いたアンテナの小形化技術	155
6.2.1	は　じ　め　に	155
6.2.2	EBGグランドを用いたアンテナの小形化	156
6.2.3	Magneto-Dielectric 人工材料を用いたアンテナの小形化	160
6.2.4	左手系（LH）材料を用いたアンテナの小形化	163
6.2.5	DNG材料を用いたアンテナの小形化	169

引用・参考文献　171

索　　引　186

1 理論

アンテナを学ぶにあたって必要な基礎理論について説明する。伝送線路理論からマックスウェルの方程式を含めて，アンテナ特性の理解が容易にできるように述べる。また，アンテナにおいて重要な特性である入力インピーダンスや放射パターンなどについても易しく解説する。

1.1 伝送線路理論

アンテナと送受信機を接続するには，伝送時間を考慮した伝送線路（分布定数回路）が必要であり，その基本的な考えを説明する。

分布定数回路は**図 1.1**（a）のように平行導線 y 方向に伸びているとすると，図（b）のような集中定数回路を用いた等価回路で表すことができる。そのとき，回路の左端に電源 $Ee^{j\omega t}$ を接続すると，単位長さ当りの直列インピーダンス Z_s，並列アドミタンス Y_p は，それぞれつぎのようになる。

$$Z_s = j\omega L + R \ [\Omega/\mathrm{m}]$$
$$Y_p = j\omega C + G \ [\mathrm{S/m}]$$

図（a）に示した回路上の任意の点 y における電圧 $V(y)$，電流 $I(y)$ に，図（b）に示す点 y とわずかに離れた点 $y + \Delta y$ 間の 4 端子回路におけるキルヒホッフの法則を適用すると，

電流に関するキルヒホッフ第 1 の法則より

$$I(y) = Y_p \Delta y (V(y) + \Delta V) + I(y) + \Delta I \tag{1.1}$$

電圧に関するキルヒホッフ第 2 の法則より

2   1. 理 論

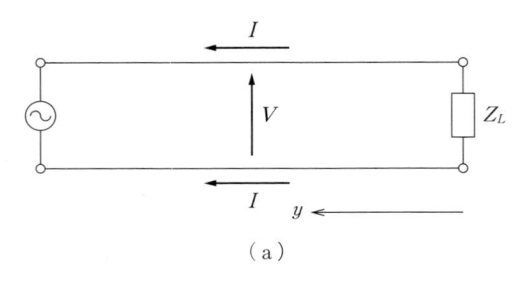

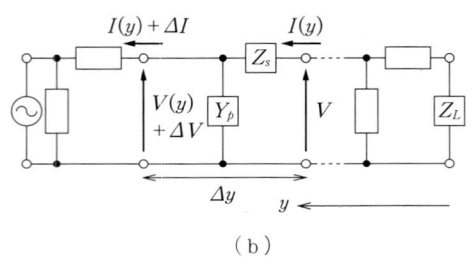

(a)

(b)

図1.1 分布定数回路とその等価回路表現

$$V(y) = Z_s \Delta y I(y) + V(y) + \Delta V \tag{1.2}$$

式 (1.1) と式 (1.2) より，つぎの微分方程式が得られる．

$$\frac{dV(y)}{dy} = -Z_s I(y) \tag{1.3}$$

$$\frac{dI(y)}{dy} = -Y_p V(y) \tag{1.4}$$

式 (1.3) を y で微分し，式 (1.4) を用いると

$$\frac{d^2 V(y)}{dy^2} = Z_s Y_p V(y) \tag{1.5}$$

また，式 (1.4) を y で微分し，式 (1.3) を用いると

$$\frac{d^2 I(y)}{dy^2} = Z_s Y_p I(y) \tag{1.6}$$

この微分方程式を解くことにより，$V(y)$ と $I(y)$ は

$$V(y) = V_r e^{-\gamma y} + V_i e^{\gamma y} \tag{1.7}$$

$$I(y) = I_r e^{-\gamma y} + I_i e^{\gamma y}$$

$$= \frac{1}{Z_c}\left(V_i e^{\gamma y} - V_r e^{-\gamma y}\right) \tag{1.8}$$

となる．ここで

$$\gamma = \sqrt{Z_s Y_p} = \alpha + j\beta \tag{1.9}$$

$$Z_c = \sqrt{\frac{Z_s}{Y_p}} \tag{1.10}$$

であり，γ, Z_c はそれぞれ**伝搬定数**，**特性インピーダンス**と呼ばれる．また，α, β はそれぞれ**減衰定数**，**位相定数**と呼ばれる．

無損失の場合は，$R=0$, $G=0$ となるので

$$\gamma = \sqrt{j\omega L j\omega C} = j\omega\sqrt{LC} \quad (\alpha=0, \beta=\omega\sqrt{LC}) \tag{1.11}$$

$$Z_c = \sqrt{\frac{L}{C}} \tag{1.12}$$

となる．

$V_r e^{-\gamma y}$ と $V_i e^{\gamma y}$ の物理的な意味は，$e^{-j\omega t}$ を掛けてその実部を考慮することにより，それぞれ y 座標の増加する方向に進行する波，および y 座標の減少する方向に進行する波を表していることがわかる．通常，負荷を基準にするため，負荷に対する反対波，入射波と呼ばれる．

任意の点 y における電圧 $V(y)$ と電流 $I(y)$ との比で，その点から負荷をみこむ入力インピーダンス $Z(y)$ は，式 (1.7) および式 (1.8) から

$$Z(y) = \frac{V(y)}{I(y)} = Z_c \frac{V_i e^{\gamma y} + V_r e^{-\gamma y}}{V_i e^{\gamma y} - V_r e^{-\gamma y}} \tag{1.13}$$

負荷端の電圧 $V(0)$，電流 $I(0)$ は式 (1.7)，式 (1.8) から

$$V(0) = V_i + V_r \tag{1.14}$$

$$I(0) = I_i + I_r = \frac{1}{Z_c}(V_i - V_r) \tag{1.15}$$

となる．$y=0$ に接続されている負荷のインピーダンスを Z_L とすると，つぎの式を満たす．

$$V(0) = Z_L I(0) \tag{1.16}$$

この式に式 (1.14), 式 (1.15) を代入すると
$$\frac{V_r}{V_i} = \frac{Z_L - Z_c}{Z_L + Z_c} \tag{1.17}$$
式 (1.13) をつぎのように変形すると
$$Z(y) = Z_c \frac{e^{\gamma y} + \dfrac{V_r}{V_i} e^{-\gamma y}}{e^{\gamma y} - \dfrac{V_r}{V_i} e^{-\gamma y}}$$
となり，この式に式 (1.17) を代入すると次式が得られる。
$$Z(y) = Z_c \frac{Z_L(e^{\gamma y} + e^{-\gamma y}) + Z_c(e^{\gamma y} - e^{-\gamma y})}{Z_c(e^{\gamma y} + e^{-\gamma y}) + Z_L(e^{\gamma y} - e^{-\gamma y})} \tag{1.18}$$
双曲線関数 $\tanh \gamma y$ は以下の式で定義される。
$$\tanh \gamma y = \frac{\sinh \gamma y}{\cosh \gamma y} = \frac{e^{\gamma y} - e^{-\gamma y}}{e^{\gamma y} + e^{-\gamma y}} \tag{1.19}$$
この式を式 (1.18) に代入すると
$$Z(y) = Z_c \frac{Z_L + Z_c \tanh \gamma y}{Z_c + Z_L \tanh \gamma y} \tag{1.20}$$
分布定数回路の特性インピーダンス Z_c で規格化すると，その規格化インピーダンス $z(y)$ は，つぎのようになる。
$$z(y) = \frac{z_L + \tanh \gamma y}{1 + z_L \tanh \gamma y} \quad \left(z_L = \frac{Z_L}{Z_c}, z(y) = \frac{Z(y)}{Z_c} \right) \tag{1.21}$$
$z_L = 0$（短絡）のときは，式 (1.21) から，無損失とすると
$$z(y) = r + jx = j \tan \beta y \tag{1.22}$$
すなわち
$$x = \tan \beta y = \tan 2\pi \left(\frac{y}{\lambda} \right) \tag{1.23}$$
この場合の入力インピーダンスはリアクタンス成分のみで，y/λ の関数となっている。図 1.2 に x と y/λ の関数を示す。短絡したところから y だけ離れた点からみこむインピーダンスは，y に大きく依存する。すなわち以下のような関係になる。

1.1 伝送線路理論

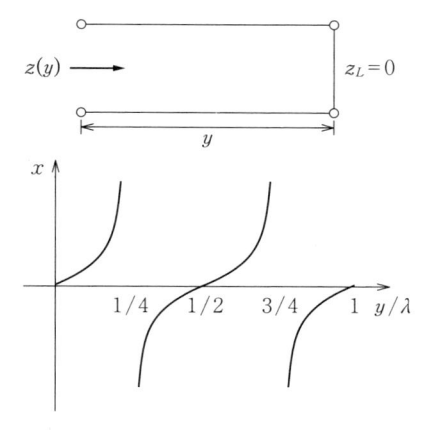

図 1.2 短絡時の入力インピーダンス

$$0 < y < \frac{1}{4}\lambda \quad x > 0 \tag{1.24}$$

$$\frac{1}{4}\lambda < y < \frac{1}{2}\lambda \quad x < 0 \tag{1.25}$$

$$y = \frac{1}{4}\lambda \quad x = \infty \tag{1.26}$$

式 (1.24),式 (1.25) はそれぞれインダクティブ,キャパシティブに働き,式 (1.26) は無限大,すなわち開放を意味する.このように,終端短絡の分布定数回路は線路長によって集中定数素子 jx として動作するが,周波数が変化すると波長が変わるため,その点に注意する必要がある.

任意の点 y における反射係数 $\Gamma(y)$ は,$V_r e^{-\gamma y}$ に対する $V_i e^{\gamma y}$ の比として

$$\Gamma(y) = \frac{V_r e^{-\gamma y}}{V_i e^{\gamma y}} = \Gamma(0) e^{-2\gamma y} \tag{1.27}$$

と与えられ,このとき,式 (1.13) は次式のように置き換えられる.

$$\Gamma(y) = Z_c \frac{1 + \Gamma(y)}{1 - \Gamma(y)} \tag{1.28}$$

また,負荷の位置 $y=0$ における反射係数を Γ とすると式 (1.17) より

$$\Gamma = \frac{Z_L - Z_c}{Z_L + Z_c} \tag{1.29}$$

となる。**電圧定在波比**（voltage standing wave ratio, **VSWR**）は次式で表せる。

$$VSWR(=\rho) = \frac{|V(y)|_{max}}{|V(y)|_{min}} = \frac{1+|\Gamma|}{1-|\Gamma|} \quad (1.30)$$

また，定在波の割合を示す別の指標として，反射係数 Γ を用いたリターンロス（return loss, RL）が次式で示される。

$$RL = -20\log_{10}|\Gamma| \,〔\text{dB}〕 \quad (1.31)$$

表 1.1 に，反射係数 Γ，リターンロス RL，電圧定在波比 $VSWR$ の代表的な数値関係を示す。

表 1.1 反射係数 Γ，リターンロス RL，電圧定在波比 $VSWR$ の代表的な数値関係

$|\Gamma|$	RL〔dB〕	$VSWR$	伝達電力比 $(1-|\Gamma|) \times 100\%$	備考
0	∞	1	100	整合
0.0316	30	1.07	99.9	
0.1000	20	1.22	99.0	
0.3162	10	1.92	90.0	電力の10%が反射
0.333	9.54	2.00	88.9	
0.5012	6	3.01	74.9	電力の25%反射
0.7079	3	5.85	49.9	電力の半分が反射
1	0	無限大	0	解放 or 短絡 or 純リアクタンス

1.2 マックスウェルの方程式

アンテナの放射を基本的に考えるには，マックスウェルの方程式（Maxwell's equations）を避けては通れない。

マックスウェルの方程式は，電磁物理量をすべて位置と時間の関数として

E：電界〔V/m〕

H：磁界〔H/m〕

D：電束密度〔C/m^2〕

B：磁束密度〔Wb/m^2〕

J：電流密度〔A/m^2〕

ρ：電荷密度〔C/m^3〕

で表すとき

$$\nabla \times \boldsymbol{H} = \frac{\partial \boldsymbol{D}}{\partial t} + \boldsymbol{J} \quad （アンペアの法則） \tag{1.32}$$

$$\nabla \times \boldsymbol{E} = -\frac{\partial \boldsymbol{B}}{\partial t} \quad （ファラデーの法則） \tag{1.33}$$

$$\nabla \cdot \boldsymbol{D} = \rho \quad （ガウスの法則） \tag{1.34}$$

$$\nabla \cdot \boldsymbol{B} = 0 \quad （ガウスの法則） \tag{1.35}$$

となる。∇（ナブラ：nabra）は空間についてのベクトル微分演算子であり，直交座標系 (x, y, z) では，それぞれの軸の単位ベクトルを $(\hat{\boldsymbol{x}}, \hat{\boldsymbol{y}}, \hat{\boldsymbol{z}})$ とすると

$$\nabla = \hat{\boldsymbol{x}}\frac{\partial}{\partial x} + \hat{\boldsymbol{y}}\frac{\partial}{\partial y} + \hat{\boldsymbol{z}}\frac{\partial}{\partial z}$$

と表すことができる。

式 (1.32) は，空間を流れる変位電流 $\partial \boldsymbol{D}/\partial t$ と導体に流れる電流の周りに磁界が発生し，電流の向きを右ネジの進む向きに取ると右ネジの回る向きに磁界ができることを示している。式 (1.33) は磁束密度（または磁界）が時間的に変化すればその回りに電界，すなわち起電力が生じることを示している。式 (1.34) は，電荷は単独に存在し，電荷からは電束密度（または電界）が生じることを示し，式 (1.35) は，電荷に対応する磁界は単独には存在しないことを示している。

$\boldsymbol{E}$ と $\boldsymbol{D}$，$\boldsymbol{H}$ と $\boldsymbol{B}$ は媒質の性質により，以下の関係にある。

$$\boldsymbol{D} = \varepsilon \boldsymbol{E} \tag{1.36}$$

$$\boldsymbol{B} = \mu \boldsymbol{H} \tag{1.37}$$

また，$\boldsymbol{J}$ は以下の関係にある。

$$\boldsymbol{J} = \sigma \boldsymbol{E} + \boldsymbol{J}_s \tag{1.38}$$

$\boldsymbol{J}_s$ は電流源として印加される電流密度であり，また

ε：誘電率（permittivity）〔F/m〕

μ：透磁率（permeability）〔H/m〕

σ：導電率（conductivity）〔S/m〕

は媒質の定数である。媒質は ε と μ が

(1) 位置の関数のとき，非均質（inhomogeneus）
(2) 周波数の関数のとき，分散的（dispersive）
(3) E あるいは H の振幅の関数であるとき，非線形（nonlinear）
(4) E あるいは H の方向の関数であるとき，異方性（anisotrophic）

であるという。ほとんどの場合，媒質は均質，線形，等方なものとして取り扱われる。異方性の場合には，媒質定数はスカラ量では表現できずテンソル量（行列）となる。真空中の**誘電率**および**透磁率**はそれぞれ ε_0 および μ_0 で表す。$\varepsilon_r = \varepsilon/\varepsilon_0$ および $\mu_r = \mu/\mu_0$ を，それぞれ**比誘電率**（relative permittivity）および**比透磁率**（relative permeability）という。

式 (1.32) において

$$\frac{\partial B}{\partial t} = \mu \frac{\partial H}{\partial t} = M \tag{1.39}$$

のように，磁性体中（μ_0 のときを含む）を流れる変位磁流密度 M を，式 (1.32) の変位電流密度 $\frac{\partial D}{\partial t} = \varepsilon \frac{\partial E}{\partial t}$ に対応させて仮定することがある。

1.3 複素電磁界

すでに伝送線路理論で用いているが，同様に電磁界を複素表示したほうが便利である。

複素表示では，時間の項 $\exp(j\omega t)$ を空間の座標系（例えば，直交座標系では x, y, z）と分けて考える。物理的に考える場合は，複素表示の実部を取り出して考えるが，この場合時間 t に対して，電界，磁界が正弦波状に変化する定常状態を示す。

パルス波をはじめ，どのような複雑な波形においても，周期的であればフーリエ級数展開によって複数の正弦波の合成で表すことができる。したがって，時間 t に対して正弦波状に変化する基本的な電磁界を考えればよく，便利な複

素表示を用いる。

複素表示においては，式が簡素化され，時間 t についての微積分が

$$\frac{\partial}{\partial t} \rightarrow j\omega \tag{1.40}$$

$$\int dt \rightarrow \frac{1}{j\omega} \tag{1.41}$$

のように $j\omega$ 因子との積または商に置き換わることから便利である。通常，時間因子 $\exp(j\omega t)$ は省略して表示される。

複素表示を用いて式 (1.32) から式 (1.35) のマックスウェルの方程式は，つぎのようになる。

$$\nabla \times \boldsymbol{H} = j\omega \boldsymbol{D} + \boldsymbol{J} \tag{1.42}$$

$$\nabla \times \boldsymbol{E} = -j\omega \boldsymbol{B} \tag{1.43}$$

$$\nabla \cdot \boldsymbol{D} = \rho \tag{1.44}$$

$$\nabla \cdot \boldsymbol{B} = 0 \tag{1.45}$$

1.4 境 界 条 件

図 1.3 のように，媒質定数の異なる媒質 $1(\varepsilon_1, \mu_1, \sigma_1)$ と媒質 $2(\varepsilon_2, \mu_2, \sigma_2)$ の境界面を考える。$\hat{n}$ は境界面に垂直で媒質 2 から媒質 1 に向かう単位ベクトルである。マックスウェルの方程式は，媒質の不連続の有無に関係なく成立しなければならない。

ここで，**ストークスの定理**（Stokes' theorem）は次式で与えられる。

$$\oint_C \boldsymbol{A} \cdot d\boldsymbol{r} = \iint_S \nabla \times \boldsymbol{A} \cdot d\boldsymbol{s}$$

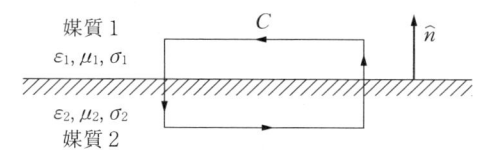

図 1.3 異なる二つの媒質の境界における境界条件

この定理は，任意のベクトル場 A の閉曲線 C に沿っての接線成分に関する線積分が，閉曲線 C で囲まれた曲面 S におけるベクトル場 A の回転 $\nabla \times A$ の法線成分に関する面積分に等しいことを示している。式 (1.32) および式 (1.33) にストークスの定理を適用することにより，つぎの境界条件が得られる。

$$(E_1 - E_2) \times \hat{n} = 0 \tag{1.46}$$

$$(H_1 - H_2) \times \hat{n} = J_a \tag{1.47}$$

ここで J_a 〔A/m²〕は，境界面上の面電流密度である。式 (1.46) より電界の接線成分は連続であるが，式 (1.47) より磁界の接線成分は，境界面に流れる J_a のぶんだけ不連続である。

ここで，**ガウスの発散定理** (Gauss'divergence theorem) は次式で与えられる。

$$\oiint_S A \cdot ds = \iiint_V \nabla \cdot A \, dv \tag{1.48}$$

この定理は，閉曲面 S における任意のベクトル場 A の法線成分に関する面積分が，閉曲面 S で囲まれた領域 V におけるベクトル場の発散 $\nabla \cdot A$ に関する体積分に等しいことを示している。

式 (1.46) および式 (1.47) にガウスの発散定理を適用することにより，つぎの境界条件が得られる。

$$(D_1 - D_2) \cdot \hat{n} = \rho_b \tag{1.49}$$

$$(B_1 - B_2) \cdot \hat{n} = 0 \tag{1.50}$$

ここで ρ_b 〔C/m³〕は，境界面に依存する表面電流密度である。式 (1.49) より，磁束密度の法線成分は境界の ρ_b のぶんだけ不連続である。

1.5　ベクトルポテンシャルとスカラポテンシャル

マックスウェルの方程式を解析的に解く方法として，**ベクトルポテンシャル**と**スカラポテンシャル**を用いる方法がある。

式 (1.43) の発散をとると次式のようになる。

1.5　ベクトルポテンシャルとスカラポテンシャル

$$\nabla \cdot (\nabla \times \boldsymbol{E}) = \nabla \cdot (-j\omega \boldsymbol{B}) \tag{1.51}$$

ベクトル公式（$\nabla \cdot \nabla \times \boldsymbol{E} = 0$）より，$\nabla \cdot \boldsymbol{B} = 0$ となるから磁束密度 $\boldsymbol{B}$ はベクトル $\boldsymbol{A}$ を用いて次式のようになる。

$$\boldsymbol{B} = \nabla \times \boldsymbol{A} \tag{1.52}$$

ここで，$\boldsymbol{A}$ は磁気ベクトルポテンシャルという。この式を式 (1.43) に代入すると

$$\nabla \times \boldsymbol{E} = -j\omega \nabla \times \boldsymbol{A} \tag{1.53}$$

$$\nabla \times (\boldsymbol{E} + j\omega \boldsymbol{A}) = 0 \tag{1.54}$$

となる。ここで任意のスカラ量 ϕ に対してベクトル公式 $\nabla \times (\nabla \phi) = 0$ を利用すれば，式 (1.54) から

$$\boldsymbol{E} + j\omega \boldsymbol{A} = -\nabla \phi \tag{1.55}$$

となる。ここで ϕ はスカラポテンシャルという。

したがって

$$\boldsymbol{E} = -j\omega \boldsymbol{A} - \nabla \phi \tag{1.56}$$

となり，電界 $\boldsymbol{E}$ は $\boldsymbol{A}$ と ϕ から求めることができるが，次式のローレンツの条件

$$\phi = -\frac{1}{j\omega\mu\varepsilon} \nabla \cdot \boldsymbol{A} \tag{1.57}$$

を用いると

$$\boldsymbol{E} = -j\omega \boldsymbol{A} - j\frac{1}{\omega\mu\varepsilon} \nabla (\nabla \cdot \boldsymbol{A}) \tag{1.58}$$

となる。

$\boldsymbol{A}$ についての方程式は，式 (1.58) と式 (1.52) をマックスウェルの方程式に代入することによって得られ，途中の式の変形を省略し，式 (1.57) を用いて最終的に

$$\nabla^2 \boldsymbol{A} + \omega^2 \varepsilon \mu \boldsymbol{A} = -\mu \boldsymbol{J} \tag{1.59}$$

となる。この解は，つぎのようになる。

$$A(r) = \iiint_V \frac{\mu J(r')\exp(-jk|r-r'|)}{4\pi|r-r'|} dv' \qquad (1.60)$$

ここで，$k=2\pi/\lambda$ であり，$\exp(-jk|r-r'|/4\pi|r-r'|)$ を自由空間の**グリーン関数**という。r, r' は図1.4に示すようにそれぞれ原点から観測点までと，原点から波源である電流までの位置ベクトルであり，つぎのようになる。

$$r = x\hat{x} + y\hat{y} + z\hat{z} \qquad (1.61)$$
$$r' = x'\hat{x} + y'\hat{y} + z'\hat{z} \qquad (1.62)$$

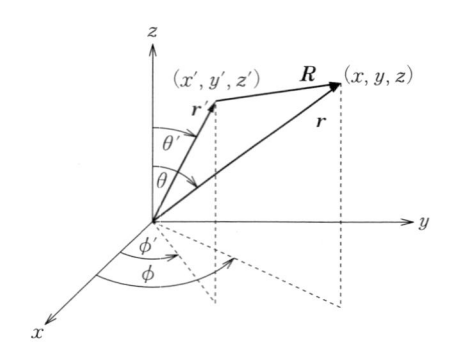

図1.4　観測点と波源の位置ベクトル r, r'

1.6　遠方電磁界とポテンシャルベクトル

無線通信で用いるアンテナは，使用する波長に比べて十分離れたところでの放射電磁界を用いる。

座標軸の原点近くの有限領域にある波源から遠く離れた点での放射電磁界を求める。図1.5に示すように波源から観測点までの距離ベクトル R は，$|r| \gg |r'|$ であるとき

$$|R| = |r-r'| \simeq |r| - |r'|\cos\alpha \qquad (1.63)$$

となる。α は r と r' の間の角度である。観測点が波源から十分に離れている場合は R と r は，観測点Pに対して平行であると近似できる。式(1.63)において，距離に対する影響については，第2項を無視して $|R| \simeq |r|$ と近似でき

1.6 遠方電磁界とポテンシャルベクトル

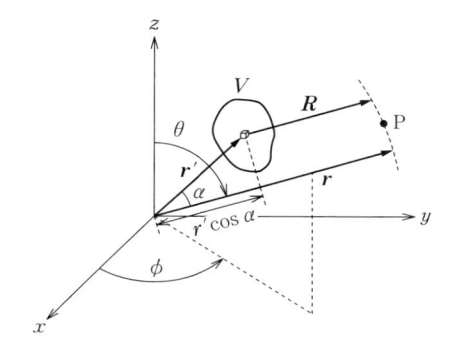

図1.5 波源から遠方界近似

るが，位相に対する影響については無視できない．したがって，式 (1.60) はつぎのように近似できる．

$$A(r) = \frac{\mu \exp(-jkr)}{4\pi r} \iiint_V J(r') \exp(jkr' \cos \alpha) dv' \tag{1.64}$$

有限の大きさの波源から十分に離れた遠方界では，放射電磁界は**球面波**とみなされるが，局所的には**平面波**として考えられ，進行方向に対して電界および磁界はたがいに直交し，空間の特性インピーダンスを $\eta_0 (\eta_0^2 = \mu/\varepsilon)$ とすると，つぎのような関係になる．

$$|E| = \eta_0 |H| \tag{1.65}$$

ポテンシャルベクトル S 〔W/m²〕は，空間を流れる電力の密度を表し，その方向は電力の流れる方向，すなわち伝搬方向を示し，次式で表される．

$$S = E \times H \tag{1.66}$$

ここでアンテナの特性を解析する際，座標系をきちんと把握しておく必要がある．図1.6に示す**直角座標** (x, y, z)，**円筒座標** (ρ, ϕ, z)，**球座標** (r, θ, ϕ) を考える．直角座標を基準にした座標間の変換はつぎのようになる．

直角座標 ⟷ 円筒座標

$$x = \rho \cos \phi, \ y = \rho \sin \phi, \ z = z \tag{1.67}$$

直角座標 ⟷ 円筒座標

$$x = r \sin \theta \cos \phi, \ y = r \sin \theta \sin \phi, \ z = r \cos \theta \tag{1.68}$$

14　1. 理　　論

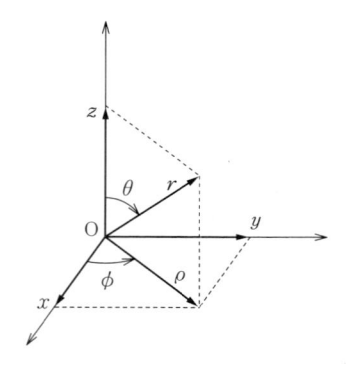

図 1.6 座 標 系

式 (1.63) の $r'\cos\alpha$ を得るために，以下の式をつくる．
$$\boldsymbol{r}\cdot\boldsymbol{r'} = rr'\cos\alpha = xx' + yy' + zz' \tag{1.69}$$
遠方の電磁界は球面波となるので，遠方の観測点 (x, y, z) は球座標 (r, θ, ϕ) を用いる．したがって，式 (1.69) を用いて，波源の座標系，直角，円筒および球の3通りの $r'\cos\alpha$ を得ることができる．

① 波源の座標が直角座標 (x', y', z') の場合，式 (1.68) を用いて
$$r'\cos\alpha = (x'\cos\phi + y'\sin\phi)\sin\theta + z'\cos\theta \tag{1.70}$$

② 波源の座標が円筒座標 (ρ', φ', z') の場合，式 (1.67) を用いて
$$r'\cos\alpha = \rho'\sin\theta\cos(\phi - \phi') + z'\cos\theta \tag{1.71}$$

③ 波源の座標が球座標 (r', θ', φ') の場合，式 (1.68) を用いて
$$r'\cos\alpha = r'\{\cos\theta\cos\theta' + \sin\theta\sin\theta'\cos(\phi - \phi')\} \tag{1.72}$$

これらの式は，アンテナ（波源）の配置を決めたときの放射パターンを計算するときに便利である．

1.7　微小ダイポールアンテナと微小ループアンテナ

　ダイポールアンテナとループアンテナは代表的な線状アンテナであり，アンテナとしての基本動作を考察する際，非常に便利なアンテナである．その中で，電流が一様である**微小ダイポールアンテナ**と**微小ループアンテナ**を説明する．

1.7 微小ダイポールアンテナと微小ループアンテナ

図 1.7 に示すように，一定振幅の電流が l の長さにわたって流れている微小ダイポールアンテナを考える。このような微小電流素子によるベクトルポテンシャルは式 (1.64) より，z 成分のみであるため

$$A_z = \frac{\mu_0 Il \exp(-jkr)}{4\pi r} \tag{1.73}$$

と表せる。座標系は球座標 (r, θ, ϕ) とすると

$$\left. \begin{array}{l} A_r = A_z \cos\theta \\ A_\theta = -A_z \sin\theta \\ A_\phi = 0 \end{array} \right\} \tag{1.74}$$

これを式 (1.52) に代入し，$\delta/\delta\phi = 0$ より

$$\boldsymbol{H} = \frac{1}{\mu_0} \nabla \times \boldsymbol{A}$$

$$= \frac{1}{\mu_0 r^2 \sin\theta} \begin{vmatrix} \hat{r} & r\hat{\theta} & r\sin\hat{\phi} \\ \dfrac{\partial}{\partial r} & \dfrac{\partial}{\partial \theta} & 0 \\ \dfrac{\mu_0 Il \exp(-jkr)}{4\pi} \cos\theta & -\dfrac{\mu_0 Il \exp(-jkr)}{4\pi} \sin\theta & 0 \end{vmatrix}$$

$$= \hat{\phi} \frac{k^2 Il}{4\pi} \left\{ \frac{j}{kr} + \frac{1}{(kr)^2} \right\} \exp(-jkr) \sin\theta \tag{1.75}$$

となる。マックスウェルの方程式である式 (1.37) について，$\boldsymbol{J}=0$，$\boldsymbol{D}=\varepsilon_0 \boldsymbol{E}$ が成立するので

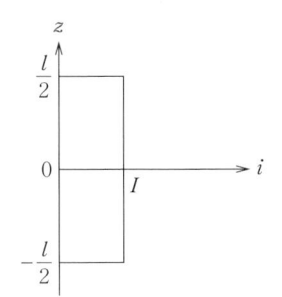

図 1.7 微小ダイポールアンテナの電流分布

$$
\boldsymbol{E} = \frac{1}{j\omega\varepsilon_0}\nabla \times \boldsymbol{H} = \frac{1}{j\omega\varepsilon_0} \cdot \frac{1}{r^2 \sin\theta}
\begin{vmatrix}
\hat{r} & r\hat{\theta} & r\sin\hat{\phi} \\
\dfrac{\partial}{\partial r} & \dfrac{\partial}{\partial \theta} & 0 \\
0 & 0 & H\phi
\end{vmatrix}
\tag{1.76}
$$

となる．したがって，つぎの結果が得られる．

$$
\left.
\begin{aligned}
E_r &= \frac{\eta_0 k Il}{2\pi}\left\{\frac{1}{(kr)^2} - \frac{j}{(kr)^3}\right\}\exp(-jkr)\cos\theta \\
E_\theta &= \frac{\eta_0 k^2 Il}{4\pi}\left\{\frac{j}{kr} + \frac{1}{(kr)^2} - \frac{j}{(kr)^3}\right\}\exp(-jkr)\sin\theta \\
E_\phi &= 0
\end{aligned}
\right\}
\tag{1.77}
$$

η_0 は自由空間の特性インピーダンス $\sqrt{\mu_0/\varepsilon_0} \approx 120\pi\,[\Omega]$ である．微小ダイポールアンテナによる電磁界は，$1/r^3$，$1/r^2$，$1/r$ の3項より成り立ち，これらはそれぞれ

$1/r^3$：準静電界

$1/r^2$：誘導電磁界

$1/r$：放射電磁界

と呼ばれる．**準静電界**は，時間的に不変な正負の電界からなる双極子（ダイポール）による電界と等価である．**誘導電磁界**はビオ・サバールの法則に従う誘導界である．これら二つの界はアンテナ極近傍に蓄積させる電力となる．これに対し，**放射電磁界**は，アンテナから空間に放射される電力となる．これら三者の大きさは $kr=1$，すなわち $r=\lambda/2\pi$ のところで等しくなる．したがって，アンテナ素子から，波長に比べて少し離れると放射電磁界の成分だけになり，次式のようになる．

$$
\left.
\begin{aligned}
E_\theta &= j\frac{\eta_0 k Il \exp(-jkr)}{4\pi r}\sin\theta \\
H_\phi &= j\frac{k Il \exp(-jkr)}{4\pi r}\sin\theta \\
\frac{E_\theta}{H_\phi} &= \eta_0
\end{aligned}
\right\}
\tag{1.78}
$$

1.7 微小ダイポールアンテナと微小ループアンテナ

微小ループアンテナの電流についても微小ダイポールアンテナと同様に電流が一様であるとして，まずベクトルポテンシャルを求め，つぎに電磁界を得る手順となるが，計算がやや複雑となる。ここで，微小ループアンテナの電磁界は，ループの極近傍を除いて，長さ l で一定磁流 I_m の微小磁流ダイポールの $I_m l$ 電磁界と同じであることが知られている。

電流と磁流によってそれぞれ生ずる電磁界は，双対性を利用して容易に解くことができる。双対性をまとめると**表1.2**のようになる。

自由空間中の微小磁流ダイポール $I_m l$ による電磁界は，式 (1.69)，式 (1.71) と表1.2の双対性から，つぎのように求めることができる。

表1.2 電流波源 J と磁流波源 M による電磁界の双対性

電流波源（$M=0$）	磁流波源（$J=0$）
J	M
A	A_m
E	H
H	$-E$
ε	μ
μ	ε
h	h
η	$1/\eta$
$1/\eta$	η

$$\left. \begin{aligned} & E_r = E_\theta = H_\phi = 0 \\ & E_\phi = -\frac{kI_m l}{4\pi}\left\{\frac{j}{kr} + \frac{1}{(kr)^2}\right\}\exp(-jkr)\sin\theta \\ & H_r = \frac{k^2 I_m l}{2\pi\eta_0}\left\{\frac{1}{(kr)^2} - \frac{j}{(kr)^3}\right\}\exp(-jkr)\cos\theta \\ & H_\theta = \frac{k^2 I_m l}{4\pi\eta_0}\left\{\frac{j}{kr} + \frac{1}{(kr)^2} - \frac{j}{(kr)^3}\right\}\exp(-jkr)\sin\theta \end{aligned} \right\} \quad (1.79)$$

一方，半径 b のループに一定電流 I が流れ，ループの断面積 $S=\pi b^2$ を用いて電磁界を表した場合，つぎの関係式が得られる。

$$I_m l = j\omega\mu_0 IS \tag{1.80}$$

1.8 イメージ理論

アンテナは実際にアンテナ単体で用いられることはなく，他の構造体などに近接して用いられる。代表的なものはグランド板であり，ここでは無限大でしかも完全導体（$\sigma=\infty$）のグランド板上に微小な電流素子（ダイポールアンテナ）があると仮定して**イメージ理論**を説明する。

図1.8（a）に完全導体上における垂直な電流ダイポールを示す。結論的にいうと，図（b）に示すようなイメージ理論による電流ダイポール（同じ向き）の完全導体を取り除いた側にPP′面上から同じ間隔に配置した場合と等価になる。微小電流ダイポールから生ずる電界は，式（1.77）より，r成分とθ成分である。**図1.9**（a）において，電流ダイポールとそのイメージから平面PP′

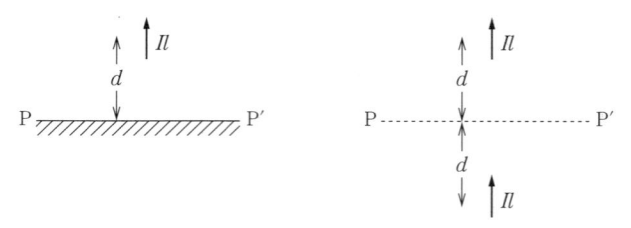

　　　（a）物理モデル　　　（b）イメージ理論を用いた等価モデル

図1.8 完全導体上における垂直な電流ダイポール

　　　（a）r成分　　　　　　（b）θ成分

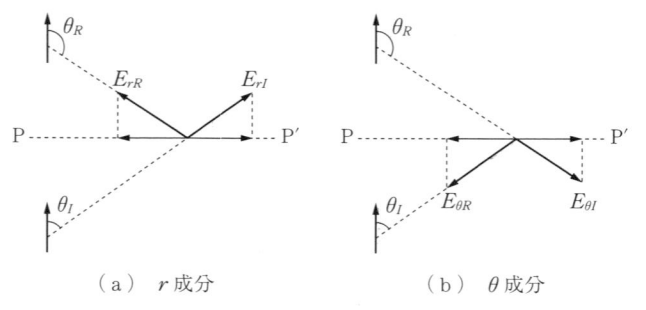

図1.9 図1.7における等価モデルによって生ずる境界面上の電流

上に生ずるそれぞれの電界は，つぎのように表せる。

$$
\left.\begin{array}{l}
E_{rR} = C_1 \cos\theta_R \\
E_{rI} = C_1 \cos\theta_I
\end{array}\right\} \tag{1.81}
$$

定数 C_1 はそれぞれの波源となる電流素子から同じ距離になるので同じ値になる。図1.9（b）からわかるように，つぎの関係がある。

$$\theta_R + \theta_I = 180° \tag{1.82}$$

したがって

$$E_{rR} = C_1 \cos(180° - \theta_I) = -C_1 \cos\theta_I \tag{1.83}$$

となり

$$E_{rR} = -E_{rI} \tag{1.84}$$

の関係が得られる。すなわち，電流ベクトルにより電流は，そのイメージ理論によって生ずる電界が外向きになるのに対して内向きになる。これは，1.4節の境界条件である，完全導体境界面上の接線方向は0になることを満足する。また，電界の θ 成分については，式 (1.71) を用いてつぎのように表せる。

$$
\left.\begin{array}{l}
E_{\theta R} = C_2 \sin\theta_R = C_2 \sin\theta_I \\
E_{\theta I} = C_2 \sin\theta_I
\end{array}\right\} \tag{1.85}
$$

したがって

$$E_{\theta R} = E_{\theta I} \tag{1.86}$$

となり，図1.9（b）からわかるように，平面 PP′ 上に接線方向の電界成分は0となり，1.4節の境界条件を満足する。

　以上のように完全導体上の垂直な電流ダイポールは，イメージ理論を用いて，図1.8（b）に示すような同じ向きの電流を有するイメージダイポールを置くことによって，等価に表すことができる。水平方向の電流ダイポールや磁流ダイポールにおいても，完全導体境界面上の境界条件を満足させることによって，等価値に取り扱えるイメージ理論を用いることができる。まとめたものを**図1.10**に示す。

20   1. 理　　　　論

電流　電流　磁流　磁流
　↕　　→●　　↕　　→●　素子

////////////////////////////////////
　　　　　　　　$\sigma = \infty$（完全導体）

　↕　　←●‥　　↕　　‥●→　イメージ

図 1.10 完全導体（$\sigma = \infty$）上の水平・垂直な
　　　　電流・磁流素子とそれらのイメージ

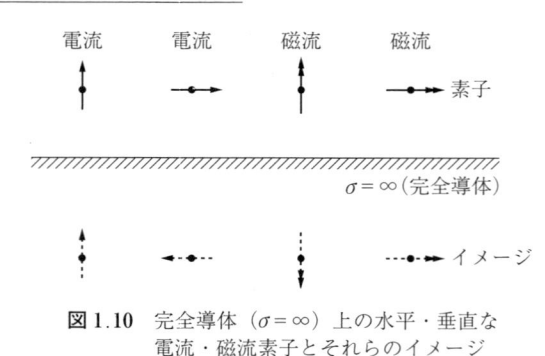

1.9 指向性と利得

　アンテナから放射される電界圧 (r, θ, ϕ) は，式 (1.58) と式 (1.64) を用いて求められ，つぎのような式で表される．

$$E(r, \theta, \phi) = C \frac{e^{-jkr}}{r} D(\theta, \phi) \tag{1.87}$$

C は係数であり，D は角度 θ, ϕ の関数となり，アンテナの**指向性**という．通常，最大値を 1 に規格化して表す．微小ダイポールアンテナの指向性は，式 (1.72) より，$D(\theta, \phi) = \sin\theta$ となる．したがって，指向性は ϕ 方向に一様であり，θ 方向に $\sin\theta$ となる．

　ここで，半波長ダイポールアンテナの指向性を求めるため，まず，**図 1.11** に示すような長さ l の直線状アンテナについて考える．このとき，線状の電流分布を正弦波状と仮定すると

$$I(z') = I \sin k \left(\frac{l}{2} - |z| \right) \tag{1.88}$$

と表される．波長に比べて十分に細い導線上の電流分布は，正弦波状とみなしてよいことが実測値から確認されている．

　遠方放射界の θ 成分は，式 (1.64) を考慮して式 (1.72) と式 (1.88) を用いると

1.9 指向性と利得

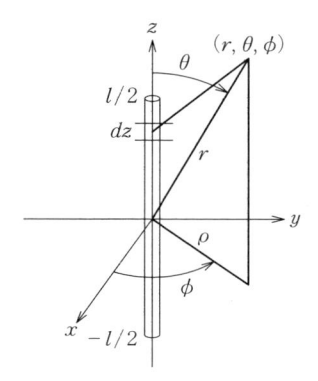

図 1.11 直線状アンテナの座標

$$E_\theta = j\frac{\mu_0 k \exp(-jkr)}{4\pi r}\sin\theta \int_{-l/2}^{l/2} I(z')\exp(jkr'\cos\alpha)dz'$$

$$= j\frac{\mu_0 k}{4\pi r}\frac{\exp(-jkr)}{r}\frac{\cos\left(\left(\frac{kl}{2}\right)\cos\theta\right)-\cos\left(\frac{kl}{2}\right)}{\sin\theta} \tag{1.89}$$

となる。$l=\lambda/2$ の半波長ダイポールアンテナの場合

$$E_\theta = j\frac{\mu_0 k}{4\pi}\frac{\exp(-jkr)}{r}\frac{\cos\left(\left(\frac{\pi}{2}\right)\cos\theta\right)}{\sin\theta} \tag{1.90}$$

となる。

微小ダイポールアンテナと半波長ダイポールアンテナの指向性を**図 1.12** に示す。$\theta=90°$，すなわちアンテナと直角になる方向に最大の放射があり，$\theta=0°$，$180°$，すなわちアンテナに平行な方向には放射しないことがわかる。ま

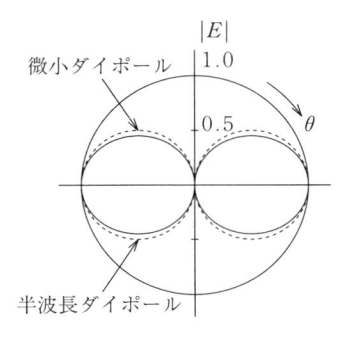

図 1.12 微小ダイポールおよび半波長ダイポール指向性

た，アンテナの長さが長くなると，$\theta=90°$方向に放射が集中することがわかる。

アンテナの**利得**は，アンテナ放射性能を表す貴重な指数である。電子回路の増幅器で用いる利得は，入力信号が増幅器を通って出力されるとき，出力が入力の何倍になったかを表す指標である。しかしながら，アンテナ利得は，等しい電力をアンテナに入力したとき，特定方向の電力密度が，基準アンテナの電力密度に対して何倍になったかを表したものである。したがって，アンテナの利得は次式で表される。

$$G(\theta,\phi) = \frac{W(\theta,\phi)}{W_0(\theta,\phi)} = \frac{(\theta,\phi)\text{方向の放射電力密度}}{\text{基準アンテナの}(\theta,\phi)\text{方向の放射電力密度}} \tag{1.91}$$

一般に利得は dB 値（$10\log G(\theta,\phi)$ で表される。この利得は，用いられる基準アンテナによってつぎの2通りがある。

利得 $\begin{cases} \text{絶対利得（dBi）：等方性アンテナを基準にした利得} \\ \text{相対利得（dBd）：半波長ダイポールアンテナを基準にした利得} \end{cases}$

ここで，**等方性アンテナ**（isotropic antenna）とは，すべての方向の放射電力密度が一定の仮想的アンテナである。等方性アンテナを基準アンテナとした場合，式 (1.91) の $W_0(\theta,\phi)$ は

$$W_0 = \frac{1}{4\pi r^2} \int_0^{2\pi} \int_0^\pi \frac{1}{\mu_0} \left| E(r,\theta,\phi) \right|^2 r^2 \sin\theta \, d\theta \, d\phi \tag{1.92}$$

となる。これは，等方性アンテナから放射された電力を半径 r の球面で寄せ集めて表面積 $4\pi r^2$ で割っているものであり，単位面積あたりの平均電力を表している。

アンテナの利得は**絶対利得**で示すことが一般的であるが，線状アンテナの利得を示すときに**相対利得**を用いることがある。半波長アンテナの絶対利得は 1.64（2.15 dB）であることから，この場合の絶対利得 G_i と相対利得 G_d との間には，つぎの関係がある。

$$G_d = \frac{G_i}{1.64}, \quad G_d = G_i - 2.15 \text{ (dB)} \tag{1.93}$$

アンテナの利得を決定する要因は二つある。それは，アンテナに供給される電力に対するアンテナから放射される電力の比（放射効率）と，目的とする方向（θ, ϕ）へどれだけ電波を放出するか（アンテナ指向性の鋭さ）である。放射効率 $e=1$ とすると，利得は，アンテナの指向性だけで決定されるので，**指向性利得**と呼ばれる。利得と指向性利得の関係は次式で表せる。

$$G = eG_d$$

放射効率は一般的に不整合性損を含むため，そのときの利得を**実効利得**と呼ぶこともある。

1.10 共振と帯域幅

図 1.13 にダイポールアンテナとループアンテナの入力インピーダンス $Z_{in}(=R_{in}+jX_{in})$ と長さ，周囲長の関係を示す。

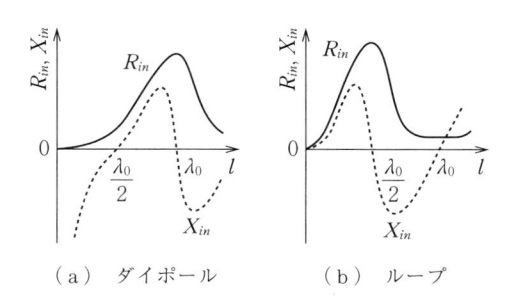

（a）ダイポール　　（b）ループ

図 1.13 ダイポールアンテナとループアンテナの入力インピーダンス

ダイポールアンテナおよびループアンテナは，それぞれ**直列共振**および**並列共振**から始まり，直列共振と並列共振が交互に流れているのがわかる。これらの共振特性に注目して，小形アンテナの入力インピーダンス特性を**図 1.14** に示すような直列 LC 型と並列 LC 型にわける。

直列 LC 型には，ダイポール（長さ 0.7λ 以下），ループ（周囲長 0.4λ 以下）

(a) 直列 LC 型   (b) 並列 LC 型

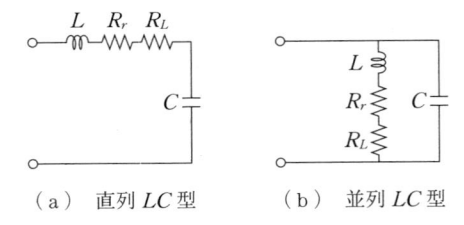

図 1.14 アンテナの等価回路

などがある。図 1.14（a）のインピーダンスは

$$Z = R_r + R_L + j\left(\omega L - \frac{1}{\omega C}\right) \tag{1.94}$$

となり，端子に電圧 V を印加したとき，流れる電流 I は

$$I = \frac{V}{\sqrt{R_{in}^2 + j\left(\omega L - \frac{1}{\omega C}\right)}} \tag{1.95}$$

となる。この場合，$R_{in} = R_r + R_L$ である。共振はリアクタンスが 0 のときであり，そのときの周波数を f_0 とすると $\omega_0 = 2\pi f_0$ であるので

$$f_0 = \frac{1}{2\pi\sqrt{LC}} \tag{1.96}$$

となる。共振時は電流が最大となり，次式のようになる。

$$I_0 = \frac{V}{R} \tag{1.97}$$

図 1.15 に周波数と電流の関係を示す。比帯域は $\Delta f/f_0$ で表され，$\Delta f = f_2 - f_1$ である。f_1 と f_2 は，最大値 I_0 から $1/\sqrt{2}$（-3 dB）のところで決定される周波数である。図 1.14（a）に示す等価回路の Q 値は，つぎのようになる。

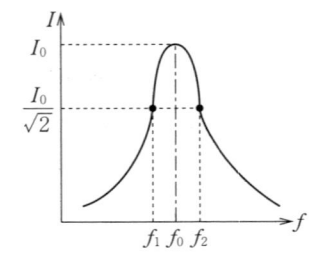

図 1.15 周波数と電流の曲線（共振曲線）

$$Q_0 = \frac{\omega_0 L}{R_{in}} \tag{1.98}$$

$Q_0 \gg 1$ のとき，Q_0 は次式のように表される。

$$Q_0 = \frac{f_0}{\Delta f} = \frac{f_0}{f_2 - f_1} = \frac{1}{B} \tag{1.99}$$

B は比帯域であるが，VSWR 値 ρ における比帯域 B_r は次式により求めることができる。

$$B_r = \frac{(\rho - 1)}{Q_0 \sqrt{\rho}} \tag{1.100}$$

並列 LC 型には，ループ（周囲長 0.5λ 付近），マイクロストリップアンテナ（並列共振点付近）などがある。図 1.14（b）の等価回路では，入力アドミッタンス Y_{in} は

$$Y_{in} = j\omega C + \frac{R_r + R_L - j\omega L}{(R_r + R_L)^2 + (\omega L)^2} \tag{1.101}$$

となる。

このとき，Q 値は，式 (1.101) より，つぎのようになる。

$$Q_0 = \frac{\omega_0 L}{R_r + R_L} \tag{1.102}$$

並列 LC 型の場合，R_{in} は $R_r + R_L$ にならないことに注意する必要がある。

2 小形アンテナの基礎

本章では，小形アンテナの定義・分類について紹介し，線状および板状系アンテナの小形化について述べる。また，小形化手法の概要をまとめるとともに，小形化の限界や広帯域化手法について概説する。

2.1 小形アンテナの定義と分類

小形アンテナは，藤本によると，寸法あるいは機能により四つのタイプに分類される[1), 2)†]。すなわち電気的小形アンテナ，寸法制約付小形アンテナ，機能的小形アンテナおよび物理的小形アンテナである。簡単にいえばアンテナの寸法あるいは一部の寸法を波長で，または機能やみためで分類しているわけである。4分類を使用するけれども，一つのアンテナが二つ以上のタイプに分類されることもあり，分類は必ずしも明確ではない。

（1）**電気的小形アンテナ**は，波長に比べて非常に小さな寸法をもつアンテナであり，つぎの3様が提唱されている[3)]。

① H.A.Wheeler[4)]：（アンテナ寸法）≦1ラジアン球（半径＝$\lambda/2\pi$）

② R.W.P.King[5)]：（アンテナ寸法）≦$\lambda/10$

③ S.A.Schelkunoff, H.T.Friis[6)]：（アンテナ寸法）≦$\lambda/8$

①においては，寸法が1ラジアン球内にある小さなアンテナ寸法のものを対象としている。**ラジアン球**（radiansphere）は半径が$\lambda/2\pi$（λ：波長）（**図2.1**）の球で，この球面は，蓄積界と放射界が等しい境界と

---

† 肩付き番号は巻末の引用・参考文献番号を示す。

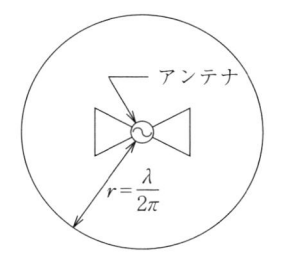

図 2.1 ラジアン球

いう意味を有している。ラジアン球を用いるのは，この球面内部では蓄積界が支配的であるという観点と，長さなどの寸法を $\lambda/2\pi$ で規格化した表現で用い得る便宜さとによる。

②と③は①よりも前に，電気的小形アンテナを定義するために提案されたもので，②はアンテナの寸法が 1/10 波長よりも小さいものを，③は 1/8 波長よりも小さいものを電気的小形アンテナとしている。

(2) **寸法制約付小形アンテナ**は，必ずしも電気的小形アンテナに分類されるアンテナではないが，アンテナ寸法の一部が「電気的小形」に制限された条件をもつ構成のアンテナである。逆 F アンテナあるいはマイクロストリップアンテナのように，1/15 波長程度の高さをもつ低姿勢アンテナは，寸法制約付小形アンテナと分類される。

(3) **機能的小形アンテナ**は，同じ，あるいはより小形な寸法をもつアンテナに比べ，付加的機能を有するアンテナをいう。機能的小形アンテナは必ずしも上記の分類（電気的小形アンテナ，寸法制約付小形アンテナ）には属さない。例えば，通常大きな寸法のアンテナによって実現されるビーム走査機能をもつアンテナは，アンテナ寸法が（1），（2）の条件を満たしていなくても，機能的小形アンテナと分類される。

(4) **物理的小形アンテナ**は，上記のいずれにも分類されないアンテナであるが，比較的な意味で小形とみなされるアンテナである。すなわち，アンテナはその外観で小形であると判断される。具体的には，アンテナの体積が一方向の長さ 30 cm 以内で囲まれるときは，物理的小形アンテ

ナといわれる。厳密な物理的意味は物理的小形アンテナの定義にはない。

一例は，手の平に乗せることができるマイクロ波ホーンアンテナである。また，マイクロストリップアンテナは寸法制約付小形アンテナであり，物理的小形アンテナでもある。

これらの定義から明らかなように，実際の状況に依存して異なって分類されることもあるため，厳密な分類は不可能である。例えば，図2.2に示されるように，電気的小形アンテナに分類されるショートモノポールが1/4波長の直方導体に設置されるとき，直方導体の追加によって実効的な寸法が長くなるので，放射特性は向上する。このとき，モノポールアンテナにグランド板を付加することで，拡大した新しいアンテナ系が形成されており，もはや電気的小形アンテナには属さなくなったと考えることができる。また，このように，電気的小形アンテナの性能は，アンテナ素子以外の導体材料を用いて向上させることができる。小型携帯端末内のグランド板に設置されたアンテナは，その代表的な例である。

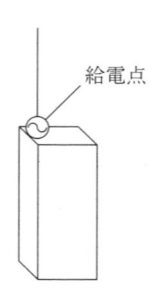

図2.2 直方導体に設置されたモノポールアンテナ

2.2 モノポールアンテナの小形化

一様な電流分布を実現することは，小形アンテナを得るうえで一つの重要な概念である。Chuも，また最大利得を得るための理想的な電流分布は一様であ

ることを示している[7]（**図2.3**）．しかしながら，ダイポールのような実際のアンテナでは，ダイポール素子の終端では電流が小さくなるので（**図2.4**），一様な電流分布を実現するのはほとんど不可能である．

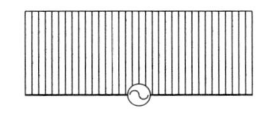

図2.3 小形ダイポールアンテナの一様電流分布

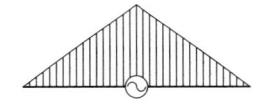

図2.4 ダイポール上の三角形状電流分布

　素子上においてほとんど一様に近い電流分布を実現する一つの方法は，アンテナの中にインピーダンス素子，あるいはアンテナ素子を装荷することであり，最も代表的な例は**トップローディング**である．また，線状アンテナの長さが長くなるにつれて，電流分布はより一様に近づく．なぜなら，電流分布は，通常三角形状と仮定される短いアンテナよりも滑らかに変化するためである．

　進行波型構造を用いることによって，等価的に長いアンテナが得られるトップローディングは一様な電流分布実現の適例である．トップローディングは，図2.3に示すようなほとんど一定の振幅をダイポールアンテナ上の電流にもたせるよう調整が可能なグランド板上にモノポールを設置し（イメージ理論から等価的にダイポールアンテナと考えることができる），このモノポールの頂部に容量板を取り付けることによりなされる．

　図2.5に示すようにモノポールの頂部にワイヤ素子を装荷することは，トップローディングのもう一つの方法である．結果的にはアンテナ形状を変化させることで電流経路を変更させ，小形化している．

　図にはいろいろなトップローディングのアンテナを示している．すなわち，（a）逆Lアンテナ，（b）逆Fアンテナ，（c）ノーマルモードヘリカルアンテナ，（d）材料装荷モノポールアンテナ，（e）円板装荷モノポールアンテナ，（f）スパイラル装荷モノポールアンテナ，（g）ループ装荷アンテナ，

30　　2. 小形アンテナの基礎

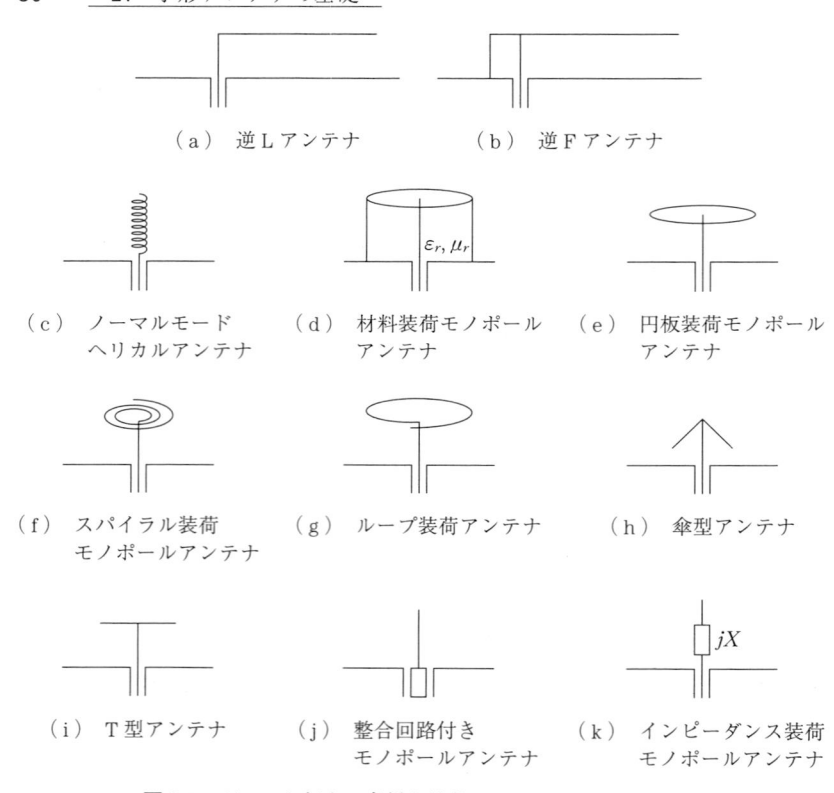

図2.5 グランド板上の多様な装荷モノポールアンテナの例

(a) 逆Lアンテナ
(b) 逆Fアンテナ
(c) ノーマルモードヘリカルアンテナ
(d) 材料装荷モノポールアンテナ
(e) 円板装荷モノポールアンテナ
(f) スパイラル装荷モノポールアンテナ
(g) ループ装荷アンテナ
(h) 傘型アンテナ
(i) T型アンテナ
(j) 整合回路付きモノポールアンテナ
(k) インピーダンス装荷モノポールアンテナ

(h) 傘型アンテナ，(i) T型アンテナ，(j) 整合回路付きモノポールアンテナ，(k) インピーダンス装荷モノポールアンテナである。アンテナ構造にデバイスあるいは回路構成部品を一体化させることによって，ほとんど一様に近い電流分布を実現できる。

2.2.1 逆　L　型

図(a)は，モノポールアンテナを途中で折り曲げて小形化したもので，逆Lアンテナと呼ばれる[8]。0.1波長以下の低姿勢化が可能であり，放射効率も同じ高さのモノポールアンテナより高くなる。また，グランド板に垂直および水平な素子を持つので，直交した2偏波を放射するという特徴がある。

構成が非常に簡単で，細いワイヤを用いて容易に作成されるため，無線通信の初期には船舶において，後に放送受信用として家庭において用いられ，また，低姿勢の構造でもあるため，さまざまな移動通信システムに応用されてきた。しかし，逆Lアンテナは，グランド板に平行なアンテナ素子に流れる電流が，そのイメージと逆位相となるため，この部分が放射にあまり寄与しないことから，1/4波長モノポールアンテナよりは放射抵抗が小さい。したがって，その入力インピーダンスは，素子の垂直部分の長さで決まる抵抗の値は小さく，一方，素子の水平部分の長さで決まるリアクタンスの値は容量性で大きくなる。

入力インピーダンス特性の一例を**図2.6**に示す。このため，50Ω給電線では逆Lアンテナに対し，給電点で整合がとりにくい。

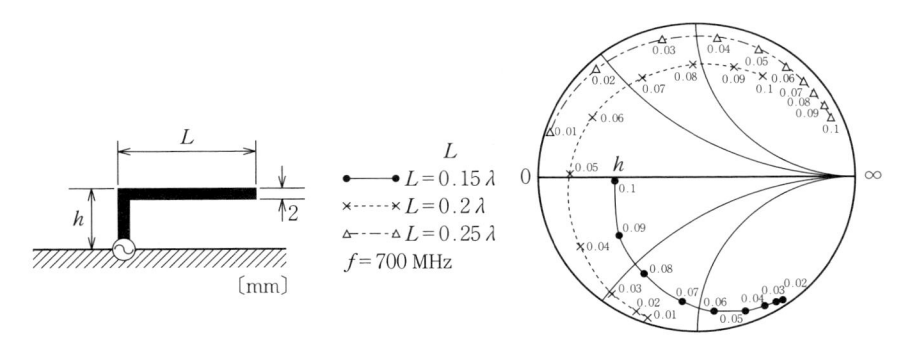

図2.6 逆Lアンテナの入力インピーダンス特性

2.2.2 逆 F 型

50Ω給電線と整合をとりやすくするために，図(b)に示す逆Fアンテナが考案された[9), 10)]。**図2.7**に示す逆Fアンテナは，図(a)に示すようなアンテナと，そのイメージによって取り扱うことができる。図(b)に示す逆Fアンテナは，等価的に二つに分けられる[1)]。それらはアンテナ素子上の電流から，放射に寄与する不平衡成分（図(c)）と，放射に寄与しない平衡成分（図(d)）である。すなわち不平衡成分は，長さhの二つのワイヤを片側で短絡

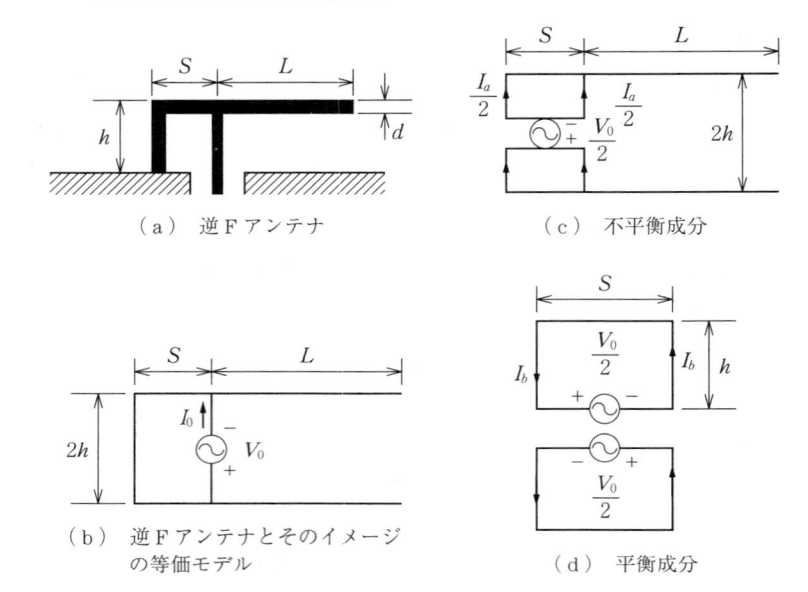

図2.7 逆Fアンテナとその等価表現

(a) 逆Fアンテナ
(b) 逆Fアンテナとそのイメージの等価モデル
(c) 不平衡成分
(d) 平衡成分

したイメージを有する逆Lアンテナであり,他方,平衡成分は二つの短絡した平行2線伝送線路である。平行2線は図2.6に示すような逆Lアンテナの容量性インピーダンスを相殺し,同時に50Ωの負荷に対する整合が容易に行えるように,入力インピーダンスを調整する。逆Fアンテナの入力インピーダンスは次式で表される。

$$Z_{in} = \frac{V_0}{I_0} = \frac{1}{\frac{1}{4Z_a} + \frac{1}{2Z_b}} \tag{2.1}$$

$$I_0 = \frac{I_a}{2} + I_b = \frac{V_0}{4Z_a} + \frac{V_0}{2Z_b} \tag{2.2}$$

ここでZ_aは図2.7(a)に示されるアンテナの入力インピーダンスを示し,Z_bは長さhと幅Sの短絡した平行2線伝送線路のインピーダンスである。

逆Fアンテナの入力インピーダンスはSとhを適切に選択することにより,調整が可能である。一例を**図2.8**に示す[1]。また,放射パターンは同じ形状の逆Lアンテナと変わらず,直交2偏波を放射する。

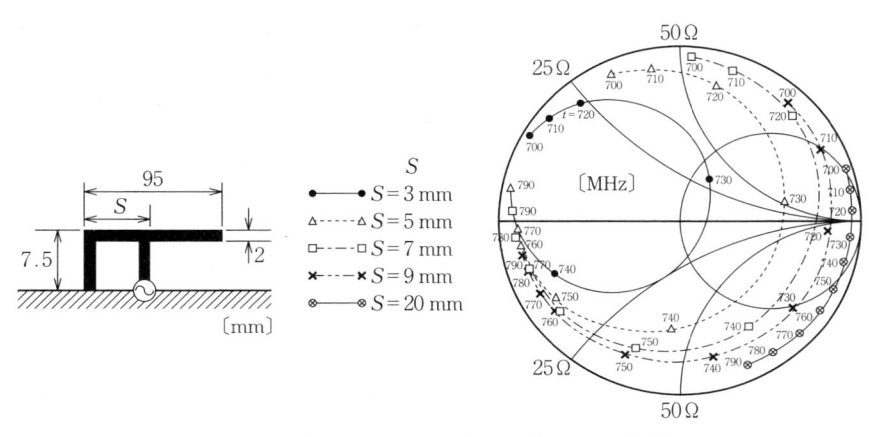

図 2.8　逆 F アンテナの入力インピーダンス特性

2.2.3　ヘリカル型

図 2.5（c）は**ノーマルモードヘリカルアンテナ**である。これは直線状アンテナ素子をコイル状に巻いて，給電点インピーダンスを整合しやすい値とし，かつ放射抵抗を増加させて効率を高めたものである[11]。**図 2.9** に示すノーマルモードヘリカルアンテナは，ヘリカル軸に対して垂直方向に放射するヘリカルアンテナであり，放射パターンは，本質的にショートダイポールと同じである。ヘリックスの寸法 D は通常，動作波長よりかなり短くとられ，個々のターンの長さ p は波長 λ に比べて小さく，軸長 h もまた，$\lambda/4$ よりかなり短い。

ノーマルモードヘリカルアンテナは**図 2.10** に示されるように，小形ループ

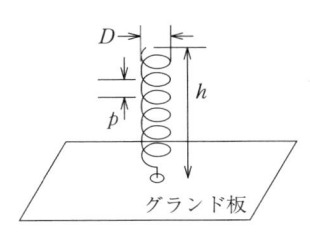

図 2.9　ノーマルモードヘリカルアンテナ

図 2.10　ノーマルモードヘリカルアンテナの等価表現

とショートモノポールのアレイによって等価的に表される[12]。誘導性リアクタンスはループのアレイによって増加し，ショートモノポールの容量性リアクタンスと相殺する。その結果として，軸方向のアンテナ長を，通常の共振モノポールアンテナ，あるいはダイポールアンテナよりもかなり短くしつつ，ヘリカル構造を自己共振特性をもつように調整することで放射効率を改善できる。よって，アンテナ長を伸長させることで帯域幅の増加を図ることができる。

ノーマルモードヘリカルアンテナは，世界中の携帯電話で用いられてきた。また，このアンテナはヘリカル部分の直径を大きくすると円偏波を放射する。

図2.9に示すアンテナ構造において，ループ成分がグランド板による影像と打ち消し合うため，アンテナは短いモノポールアンテナとして動作する。このため，アンテナの放射抵抗 R_r，インダクタンス L，容量 C および入力インピーダンス Z_{in} はそれぞれ次式で表される[13]。

$$R_r = 640\left(\frac{h}{\lambda}\right)^2 \tag{2.3}$$

$$L = \frac{KN\pi\mu_0 D^2}{4p} \tag{2.4}$$

$$C = \frac{K\pi DN}{\omega}\frac{1}{120(\ln(2\pi N)-1)} \tag{2.5}$$

ここで，K は長岡定数と呼ばれる定数である。

$$Z_{in} = R_r + j\left(\omega L - \frac{1}{\omega C}\right) \tag{2.6}$$

また，共振周波数 f_c は，次式で与えられる。

$$f_c = \frac{c}{\pi^2 ND}\sqrt{\frac{p}{KD}\left(\ln(2\pi N)-1\right)} \tag{2.7}$$

そして，放射特性 $f(\theta)$ は次式となる。

$$f(\theta) = \sin\theta \tag{2.8}$$

2.2.4 材 料 装 荷

図2.5（d）は，誘電体，またはフェライトのような磁性体で，アンテナの

周囲を囲むものである。これにより，アンテナが存在している空間の実効波長 λ_g が自由空間波長 λ_0 より短くなり，アンテナ素子寸法を小形化できる。比誘電率 81 の材料を用いた場合，十分な効果を得るには，誘電体の厚さは $0.03\lambda_0$ 以上必要である[14]。

2.2.5 トップローディング

図 2.5(e) は，モノポールの先端に円板などの金属板をつけたもので，金属板に誘起する電荷の効果により，アンテナの高さを低くしている[15]。このアンテナをさらに小形化するため，図 2.5(d) と組み合わせた（誘電体で被覆した）ものもある[16]。

この場合も，金属板が容量性を持つので，入力インピーダンスにリアクタンス分が生じて，50Ω 給電線と完全な整合がとれないが，同じ高さのモノポールアンテナより放射抵抗は高い。また，トップローディングの構造としては図 2.5(f) から (i) までのように，スパイラル，ループ，傘型および T 型がある[17),18)]。このタイプのアンテナが低姿勢の場合は，図 2.5(a) の逆 L アンテナの水平部分を，スパイラル形状などにおきかえたとも考えることができる。

2.2.6 整合付加

図 2.5(j) は小形アンテナの給電部に整合回路を付加するものである。整合回路の注意点として，アンテナのインピーダンスを効率よく変換するように，すなわち整合回路の損失を十分低く抑える必要がある[19]。

2.2.7 インピーダンス装荷

図 2.5(k) は，アンテナ素子の中間に集中インピーダンスを装荷するもので，アンテナの電流分布を制御し，アンテナ給電点で 50Ω となるようにしたものである。これは，図 2.5(j) の整合回路をアンテナ素子の中間に入れたようなものであるが，アンテナ素子上の挿入点を変えることで電流分布が変化し，インピーダンス変換の自由度が増すとともに放射パターンの成形も可能に

なる[20]。モノポール素子の中間にインダクタンスを装荷して無線機筐体を含めて整合をとる方法はすでに報告されている[17]。

2.3 平板アンテナの小形化

小形アンテナを含め，板状（平面）素子を用いているアンテナは多い。代表的な板状系のアンテナに**マイクロストリップアンテナ**がある。

マイクロストリップアンテナは開口部に仮定する磁流が積極的に放射に寄与するアンテナであり，アンテナ特性も磁流に大きく依存する。ダイポールアンテナなどの線状アンテナを，広帯域化など，特性を改善する目的で板状に構成することがあるが，これはアンテナを構成する放射板に流れる電流が放射に寄与するもので，板状に構成しても線状アンテナの範疇に入る。

ここでは，マイクロストリップアンテナを中心にした，板状系のアンテナの小形化について述べる。

マイクロストリップアンテナは，図 2.11（a）に示すようにグランド板上に平行に放射板をおき，放射板とグランド板の間に給電するものである[21]。通常は，放射板を保持するために，グランド板との間に誘電体などを挿入する。

このアンテナは，グランド板のイメージを考慮すると図（b）のようになり，2枚の放射板が向かい合った構造となる。この放射板上には，たがいに逆位相（逆方向）の電流 J が流れ，その間で図（c）のような大きさを持った電界 E が生ずる。放射板の長さ L が半波長（誘電体内）程度であると，電界は放射板の端で最大になる。

放射板の長さ方向の縁に沿っては，図（d）のような電界を生じる。これらは，等価的に図（e）のように磁流 M, M' で置き換えられる。この場合，放射板の長さ方向の両縁に生じる磁流 M' の向きは，X 軸方向ではたがいに逆となり，相殺して放射には寄与しない。しかし，Y 軸方向では，磁流 M が同位相であり，これが放射源となる。これは水平（y）方向に偏波をもつ放射となる。

2.3 平板アンテナの小形化　37

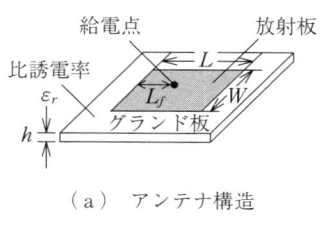

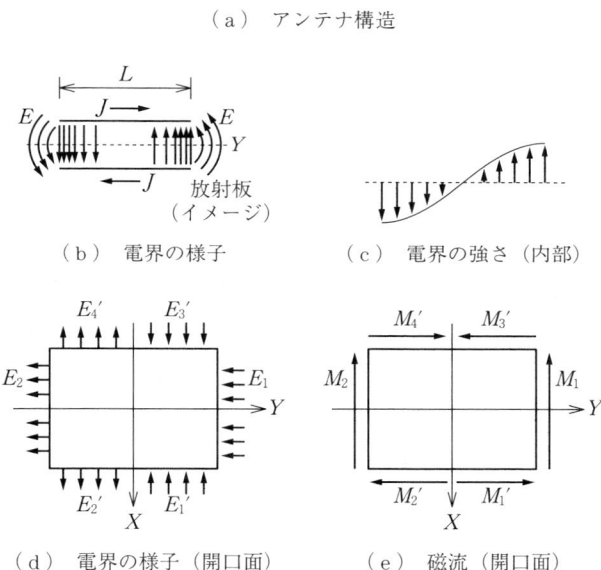

(a) アンテナ構造

(b) 電界の様子　　(c) 電界の強さ（内部）

(d) 電界の様子（開口面）　(e) 磁流（開口面）

図 2.11　マイクロストリップアンテナ

マイクロストリップアンテナの共振条件は以下の式で近似される[22]。

$$L = (1/2)\lambda_e \tag{2.9}$$

ただし $\lambda_e = \lambda_0 / \sqrt{\varepsilon_r}$ である。

λ_e は誘電体内の波長，λ_0 は自由空間中の波長，ε_r はグランド板と放射板に入れた誘電体の比誘電率である。

式 (2.9) は放射板の長さ L が誘電体内の波長 λ_e の約 1/2 のとき共振することを表している。この場合，幅 W は共振周波数に大きく影響しないが，W を広くすると帯域が広くなる。このアンテナ放射パターンを表す式は以下のように表される[22]。

*XZ*面

$$E_\theta = 0 \tag{2.10}$$

$$E_\phi = \cos\left(\frac{kd\sin\theta}{2}\right) \tag{2.11}$$

*YZ*面

$$E_\theta = \cos\theta\left(\frac{\sin((kW\sin\theta)/2)}{(kW\sin\theta)/2}\right) \tag{2.12}$$

$$E_\phi = 0 \tag{2.13}$$

ここで k は $2\pi/\lambda$（波数）である。

　図 2.12 に示すように，マイクロストリップアンテナの入力インピーダンスは，放射板上の給電点位置によって変化するので，給電線のインピーダンスに対して整合がとれるように給電点位置を設定する[23]。一般的には，給電点は幅 W に対して中央，長さ L に対しては放射板の中央線よりずれた位置である。また，高さ h および幅 W を変えると入力インピーダンスの周波数特性が変化し，h が高いほど，あるいは W が広いほど帯域幅が広くなる[23]。

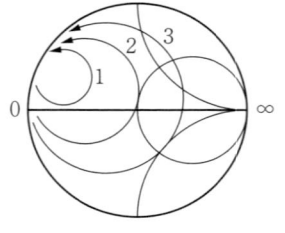

（a）入力インピーダンス特性　　（b）放射板上の給電点位置

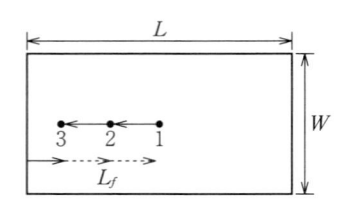

図 2.12　給電点位置インピーダンス

　長さが $\lambda_e/2$ である一般的なマイクロストリップアンテナの放射パターンを**図 2.13** に示す。マイクロストリップアンテナは放射板に垂直な方向に水平偏波を放射し，その利得は約 6 dB 程度である。

　マイクロストリップアンテナに代表される板状系のアンテナにおけるおもな小形化手法を，**図 2.14** に示す[21]。

2.3 平板アンテナの小形化　39

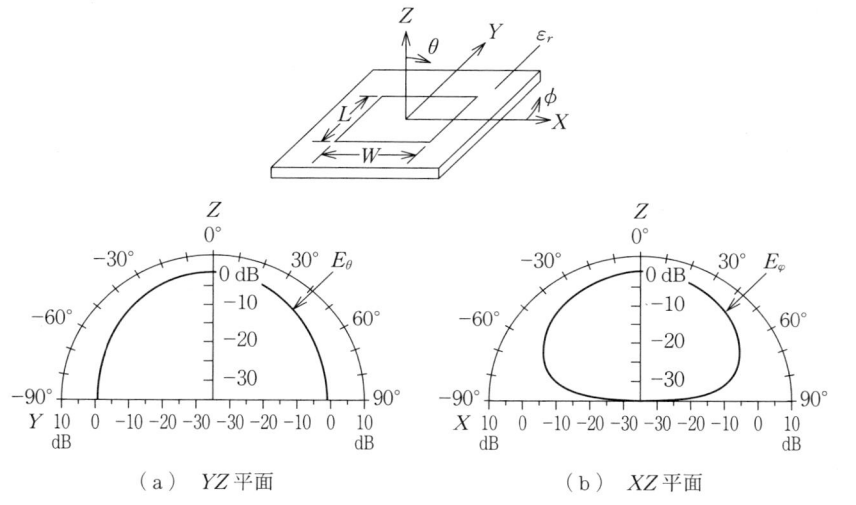

(a) YZ 平面

(b) XZ 平面

図 2.13　マイクロストリップアンテナの放射パターン（$L=\dfrac{\lambda_e}{2}$, $\varepsilon_r=2.3$）

(a) 短絡板（$\lambda/4$ マイクロストリップアンテナ）

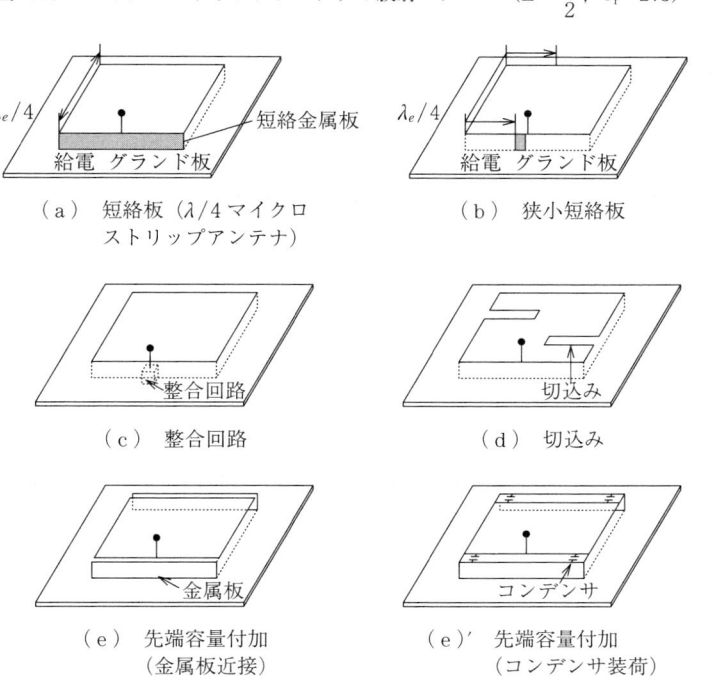

(b) 狭小短絡板

(c) 整合回路

(d) 切込み

(e) 先端容量付加（金属板近接）

(e)' 先端容量付加（コンデンサ装荷）

図 2.14　平行平板アンテナにおける小形化の手法

40　2. 小形アンテナの基礎

（1）　短絡板設置

図（a）は，マイクロストリップアンテナの放射板の一辺をグランド板と接続したもので，これにより放射板の長さは，基本形状のマイクロストリップアンテナの長さの半分になる[23]。基本形状のマイクロストリップアンテナの場合，放射板の長さ L が半波長であるので，図2.11（c）に示すように，その中央部で電界が0になる。したがって，その中央部でグランド板と短絡しても電界分布に変化はないため，放射板の長さは半分にできる。ただし，放射源となる磁流も半分になるので，放射は半減して利得も3 dB 低いものになる。また，この短絡部の長さを変えて帯域幅や共振周波数を制御することもできる[23]。

図2.14（b）は，図（a）の短絡金属板をさらに細くしたものであり，**板状逆Fアンテナ**（planer inverted F antenna, PIFA）と呼ばれる。短絡部の幅を非常に細くした場合には，（放射板の長さ）+（幅）が基本形状の放射板の長さ L の半分になり，大きさでは基本形状の1/4になる。このアンテナでは，短絡板上に流れる電流によって生じる放射板の周辺すべての漏れ電界（磁流）によって放射すると考えられる。また，構造的には，前節で説明した線状逆Fアンテナのグランド板に平行な水平線の部分を，板におきかえたものとして考えることもできる[24), 25]。このため，細い短絡板を小形モノポールと考え，これに放射板周辺の磁流による放射を加えることで，放射パターンを考えることもできる。このアンテナも，給電点を適当に選べば，50 Ω 給電線と整合がとれる。

（2）　整合回路装荷

図2.14（c）は，マイクロストリップアンテナの給電部に整合回路を装荷したものである[26]。これにより，放射板の長さが半波長に満たない場合でも，整合回路によって給電線と整合させることができる。ただし，放射板の長さが短いため両端の磁流の位相が一致せず，放射効率が低下する。

（3）　切込み

図2.14（d）は，電流が流れる向きと直交するように放射板に切込みを入れたものである[27]。これにより，放射板上にリアクタンスが装荷されたことにな

り，放射板の長さを短くすることができるが，帯域幅は狭くなる。

（4） 金属板近接

図2.14（e）は，放射板の先端に金属板を近接させたものである[28]。これにより，放射板と金属板でコンデンサが構成されることになり，放射源にリアクタンスを装荷したのと同じ効果が得られる。ただし，製作上の精度からコンデンサ容量に限界があるので，大幅な小形化は難しい。

図2.14（e）′は図（e）におけるコンデンサの容量を増すために集中定数素子を接続したものであり，より小形化が可能であるが，帯域幅はさらに狭くなる。

2.4 小形アンテナの特性

2.4.1 全　　　般

アンテナを小形化した場合の特性の変化を簡単にまとめると，つぎのようになる。
- 入力インピーダンスにおいて，抵抗が小さくなり，リアクタンス値は大きくなる。
- 放射効率は劣化する。
- 帯域幅は狭くなる。
- 指向性は全方向化する。
- 整合回路は特別なものを考える必要がある。

このように，特性が悪くなっても良くなることはないといえる。

2.4.2 入力インピーダンス

小形アンテナの入力インピーダンスとして，ショートダイポールと小形ループアンテナの場合を考える。長さ $2h$，直径 $2a$ をもつ，細い線状ショートダイポールアンテナの入力インピーダンスの理論値は，kh の関数として，つぎのように与えられる[29]。

$$Z_{dipole} = R_{dipole} + jX_{dipole} \tag{2.14}$$

$$R_{dipole} = 20(kh)^2 \tag{2.15}$$

$$X_{dipole} = \frac{-120(\ln(h/a) - 1)}{kh} \tag{2.16}$$

抵抗成分 R_{dipole} は kh が減少するにつれ急激に減少するのに対して，リアクティブ成分 X_{dipole} は急激に増加する。例えば，kh が 0.314，すなわち $2h = 0.1\lambda$ のとき，R_{dipole} は 1.97 Ω であり，X_{dipole} は -3.8×10^3 Ω である。

半径 a，導体直径 $2d$ の小形ループアンテナの入力インピーダンス（理論値）Z_{loop} は，つぎにように表される[30]。

$$Z_{loop} = R_{loop} + jX_{loop} \tag{2.17}$$

$$R_{loop} = 20\pi^2(ka)^4 \tag{2.18}$$

$$X_{loop} = \omega L \tag{2.19}$$

$$L = \mu_0 a\left(\ln\frac{8a}{d} - 2\right) \tag{2.20}$$

半径 a が 0.05λ，導体直径 $2d$ が 0.005λ のとき，R_{loop} は 15.8 Ω，X_{loop} は 202 Ω である。

2.4.3 帯　　域　　幅

帯域幅 Δf は，入力インピーダンス，利得，放射効率などのアンテナ特性における，中心周波数を基準とした周波数範囲であり，中心周波数でのそれらの特性が許容できる範囲である。小形アンテナのような狭帯域アンテナにおいては，$\Delta f/f = B$ の値は次式で与えられる。

$$B = \frac{\Delta f}{f_0} = \frac{f_1 - f_2}{f_0} \tag{2.21}$$

ここで f_1 と f_2 は，それぞれ電力が最大から 3 dB 低下した上限周波数および下限周波数であり，f_0 は帯域幅 Δf の中心周波数である。この B は比帯域と呼ばれ，実際には，帯域幅 Δf の代わりに用いられる。中心周波数は次式で与えられる。

$$f_0 = \frac{f_1 + f_2}{2} \tag{2.22}$$

2.4.4 アンテナの Q 値

アンテナの Q 値は，通常つぎのように分けられる．

$$\frac{1}{Q} = \frac{1}{Q_{rad}} + \frac{1}{Q_l} \tag{2.23}$$

Q_{rad} はアンテナの放射に対するものであり，Q_l はアンテナの損失に対するものである．アンテナを無損失とすると

$$\frac{1}{Q} = \frac{1}{Q_{rad}} \tag{2.24}$$

となる．しかしながら，損失がある場合は，放射効率 η だけ減少するものとして，Q_{rad} を通常 Q 値として用いている[31]．ここでは Q_{rad} も Q も統一して Q で表す．また，この Q をアンテナを共振回路と考えて**無負荷 Q** とも呼ぶ．アンテナの Q 値は，帯域幅 Δf が狭いとき（$B \leq 10\%$），比帯域 B の代わりに用いられる．

$$B = \frac{1}{Q} \tag{2.25}$$

アンテナの Q 値は一般に次式で定義される[31]．

$$Q = \frac{2\omega W_e}{P_r}, \quad W_e > W_m \tag{2.26}$$

あるいは

$$Q = \frac{2\omega W_m}{P_r}, \quad W_m > W_e \tag{2.27}$$

ω は角周波数 $2\pi f$ であり，P_r は放射電力である．W_e と W_m はそれぞれ時間平均の非放射蓄積電気エネルギーと磁気エネルギーである．

2.4.5 放射パターン

アンテナの寸法が小さくなるにつれ，指向性利得の最大値は，微小ダイポールアンテナの指向性利得である 1.5 に近づく．これは放射パターンが空間の全

立体角の 2/3 を満たし，放射パターンはドーナツ状で $\sin\theta$ の関数であることを意味する。

2.4.6　電気的体積

小形アンテナにおける**電気的体積**は，基本的に，2.1 節の電気的小形アンテナとして定義される，1 ラジアン球内のアンテナを含む球として表されるが，最近，アンテナの大きさに関する議論が行われている[32]。また，グランド板を必要とするアンテナにおいては，アンテナ素子だけではなく，グランド板を含めた電気的体積の議論が必要である。

2.5　小形化手法とその影響

2.2 節，2.3 節では，実際的なアンテナの小形化手法を紹介したが，ここで，理論的な小形化手法という観点で，もう一度詳細に検討してみることにする。

実際にアンテナを小形にするための基本的な概念は，（1）アンテナを囲む空間（2 次元空間，3 次元空間）を効果的に占有し，（2）アンテナ素子上の一様な電流分布を実現し，（3）放射モードを増やし，（4）アンテナ系内で自己共振させ，（5）機能を付加させる，ことである。

効果的に空間を占有するとの概念は，Chu の理論に基づいている[7]。その理論ではラジアン球（図 2.1）で囲まれた小形アンテナの下限 Q 値を得ている。小形ダイポールアンテナあるいはループアンテナは，球の体積を効果的に利用していないため，下限 Q 値は相対的に高く，したがって理想的な広帯域特性は得られない。小形アンテナの，本来狭い帯域幅を克服するためには，アンテナを囲む空間をできるだけ効果的に占有することが重要であり，また有効である。空間は必ずしも 3 次元空間のみを指すのではなく，アンテナ構造に依存する 2 次元空間あるいは 1 次元空間でもある。例えば，フラクタルアンテナは，アンテナを囲む 2 次元の空間を占めるので，比較的広帯域を有する。

一様な電流分布を実現する方法としては，2.2 節で述べたようにトップロー

ディングが代表的である。また，デバイスあるいは回路とアンテナの組合せでアンテナ系を構成する一体化（integration）技術は，完全ではないが，一様な電流分布を持つもう一つの方法である。

放射モードを増加させることも，小形化の重要な方法である。Hansen は，アンテナの Q 値は TE モードと TM モードを同時に励振する場合は半分になることを論じている[33]。

アンテナ構造で自己共振をとることも，アンテナを小形にする重要な概念である。もし仮に小形アンテナで自己共振がとれるなら，放射効率を増加させるか，あるいは整合回路の損失低下を避けることができる。リアクティブな整合素子を用いずに，アンテナと RF フロントエンド間の接続を簡単に行えるようになり，コスト的に効果がある。

自己共振は，（1）装荷，（2）進行波型構造，（3）一体化技術，によって達成可能である。アンテナ素子を含むインピーダンス素子の装荷は，本質的に，共振状態が得られるようにアンテナ素子上の電流分布を変化させることである。

共役インピーダンスの装荷は，広い周波数範囲，すなわち広帯域のための共振を得ることを意味する。補対構造は，共振型（定在波型）または進行波型のどちらもとりうる構造で，自己共振状態を達成するだけでなく，周波数に依存しないという特性を有する。

最後に，アンテナに機能を組み込むことによって，アンテナ性能の向上あるいはアンテナ特性の改善のどちらかが期待でき，どちらであるかはアンテナ系に一体化する機能に依存する。例えば，増幅機能の一体化がアンテナ利得の増加につながるなら，それは逆に利得は変わらないままアンテナ寸法が減少することを意味する。

一体化技術は，通常方法では実現できない発展的なアンテナ系を導く可能性がある。受動あるいは能動のどちらかの一体化，あるいは組合せは可能であり，アンテナ特性の改善あるいはアンテナ性能の向上のどちらかが期待できる。代表的な例は，広帯域化，放射効率の改善，放射パターンの制御などであ

る。

　ただしアンテナ性能の向上，あるいはアンテナ特性の改善は，その効果を容易に予期できるほど簡単ではない。

　アンテナ寸法を減少させ，またはアンテナ性能を向上させるために，非金属材料の応用もまた，重要な方法である。それによって小形化を実現するだけではなく，高効率な小形アンテナを得ることが可能になる。小形アンテナを実現することは，言い換えると，アンテナの寸法を維持したまま広帯域あるいは高効率のどちらかを得ることである。

　以上のような小形化の基本的な概念を考慮して，具体的な小形化手法としては，アンテナ形状や構成の選択，装荷（受動素子，能動素子），複合モード（電流素，磁流素子），導体以外の材料（誘電体，磁性体）の利用などがある。これらの物理的な背景は，主として，磁流の利用（低姿勢，フラッシュマウント，平板化），自己共振（寸法短縮，放射効率向上），進行波利用（寸法短縮），補対，材料（放射体体積増加）などである。アンテナ形状や構成を選択することは，小形化するために基本となる構造からの共振電流分布の変更とも理解できる。以上をまとめると**表2.1**のようになる。

　アンテナを小形化すると，周波数帯域，放射効率，指向性のいずれかが劣化するため，小形化率とアンテナ特性の関係を定量的に明らかにすることは重要である。理論的には証明されていないが，経験式としてつぎのような関係がある[13]。

$$\frac{(アンテナの電気的体積)}{(帯域)\times(利得)\times(効率)} = 定数値 \tag{2.28}$$

したがって，アンテナの小形化を議論するには，上式の定数値を比較してその値が小さいほうが，より小形化されていると判断できる。例えば，同じ形状のアンテナのパラメータを変更して小形化すると，利得がほとんど変化しない場合，帯域幅か効率を犠牲にする必要がある。ここでアンテナの体積を V とし，共振波長を λ，利得を G，効率を η とすると，帯域幅の逆数がアンテナの Q 値に比例することから，定数値を C として，式 (2.28) はつぎのように表される。

2.5 小形化手法とその影響

表 2.1 アンテナ小形化の手法

手 法	内容/具体的手法・内容など			
電流分布	自己共振			
			(共役)	
	一様分布			
			(装荷)	
	行進波			
			自己共振	(メアンダ)
			モード増加	(ヘリックス)
	面状分布			(フラクタル)
			モード増加	
			スリット利用	(電流経路の変更)
	磁流	(イメージ利用)		
	制御			
	変化	(寄生素子)		
		(デバイス装荷 – 受動)		
		(デバイス装荷 – 能動)		
		(EBG 装荷)		
モード	複合			
	補対	(電流素子磁流素子)		
材 料	誘電体			
	磁性体			
	複合材料			
	メタマテリアル			
	(人工材料)			
装 荷	寄生素子			
	デバイス装荷 – 受動,能動			
	EBG (Electromagnetic Band Gap)			

$$\frac{V}{\lambda^3} \times \frac{Q}{G\eta} = C \qquad (2.29)$$

上式で C を小さくできるアンテナほど,効率良く小形化されていると評価できる。電気的体積 V/λ^3 をどのように定義するかが大きな問題として現在も残っているが[32],マイクロストリップアンテナのように,パッチの面積と基板

厚の積として体積を計算できるものについては，容易に電気的体積を計算することができる。その結果，基板厚を薄くするとQ値が増加し，ηが減少するため，Cは増加するという結果が得られる[33]。すなわち，小形化によって帯域と効率を犠牲にする割合が大きいということである。

2.6 小形アンテナの具体例

前節で述べたように，具体的な小形化手法として，アンテナの形状や構成の選択，装荷，複合モード，導体以外の材料の利用などがあげられる。この手法に基づいて小形アンテナの具体例をまとめると，**表 2.2**（次ページに掲載）のようになる。

2.7 小形化の限界

アンテナの寸法が減少するにつれ，Q値は大きく増加し，帯域幅Δfは小さくなる。Chuは放射界を球関数により表現し，その各モードに対応して等価回路を仮定し，アンテナを取り囲む半径rの球の体積と，Q値ならびに利得の関係を論じている[34]。蓄積エネルギーが主となる$kr<1$の条件のもとで，最低次のTMモードに対するQ値は，つぎのように表せる[34]。

$$Q = \frac{1+3(kr)^3}{(kr)^3\{1+(kr)^2\}} \tag{2.30}$$

このQは"the minimum radiation Q"，すなわち**下限Q値**と呼ばれ，ある球面波モードを放射するために必要なQ値の最小値である。実際のアンテナ素子のQ値は，形状やインピーダンス整合のために蓄積エネルギーが大きくなるため，この下限Q値より大きくなる。

Collinは半径rの球面上でのポインティングベクトルから算出される複素電力から，無限遠で等しくなる電気的および磁気的エネルギーを差し引くことで，下限Q値を計算し，Chuと同じ結果を得ている[31]。McLeanは微小電流素

2.7 小形化の限界

表2.2 小形アンテナの具体例

手法			名称	内容および特性など	参考文献
電流分布	形状	平板形	円板装荷アンテナ	広帯域	37), 38)
			多層アンテナ	低姿勢, 軽量, 2層平板, 広帯域	39)
			マイクロストリップアンテナ	低姿勢	40)
			平板逆Fアンテナ	周囲長が約半波長	13), 24), 25)
			フラクタルアンテナ	空間集約	41)〜44)
	構成	トップローディング	トップローディングアンテナ	円板, スパイラル線状など	30), 45)
		ヘリックス	ノーマルモードヘリカルアンテナ	自己共振, 効率改善	1), 46)
		ミアンダライン	ミアンダラインアンテナ	自己共振	47), 48)
		ループ	1巻ループ	内蔵ループ, 効率改善	49)
			多数巻ループ	数巻ループ, 効率改善	11)
		EBG	EBGグランドを用いたアンテナ	低姿勢	30), 45)〜54)
モード	複合		小形ループ	モードの増加, 自己共振磁流の利用, ポケットベル用	1)
			モノポールスロットアンテナ	電界, 磁界合成	55), 56)
	補対		自己補対アンテナ	広帯域	57), 58)
材料	誘電体		セラミックチップアンテナ	超小形, 軽量	59)〜61)
	磁性体		磁性材料を用いた平板逆Fアンテナ	磁性体の形状, 配置などの検討	62), 63)
	メタマテリアル		スプリットリング共振機を用いた人工材料	左手系材料 負の誘電率・透過率	64)〜69)
装荷	インピーダンス		円形ループ	給電点対向位置で装荷	70)
			インダクタンス	モノポールおよびダイポール	71)
			リアクタンス	ダイポールアンテナに対してリアクタンス成分の非対称な装荷	1)
	能動		トランジスタ装荷逆Lアンテナ	S/N比改善	1)

子による電磁界成分を用いて，球の外側に存在する，放射に寄与しない電気的エネルギー分を全エネルギーから差し引くことで，下限 Q 値をつぎのように導出している[35]。

$$Q = \frac{1}{(kr)^3} + \frac{1}{kr} \tag{2.31}$$

上式は $kr < 1$ では Chu の結果とほぼ一致する。

Thiele は，微小なアンテナがスーパーゲインであることに着目し（アンテナが微小にもかかわらず有限の利得値をもつ），遠方界表現を用いて下限 Q 値を算出し，その値が，実際に用いられるアンテナの値により近いことを示している[36]。

Chu の定義によるものと微小ダイポールの Q 値を比較したものを図 2.15 に示す[1]。ここで微小ダイポールの Q 値は文献 36) から求められる。微小ダイポールの Q 値が高くなるのは，下限 Q 値では半径 r 内の電磁界をすべて利用できるのに，実際のアンテナではその利用が十分でないために，蓄積エネルギーの増加が生じて，Q 値が上昇したためと考える。しかし図での値は，Thiele の値に比べて Chu の値に近づいており，微小ダイポールは，入力点での整合が理想的にとれれば，理想的限界の小形アンテナに近いといえる[7]。

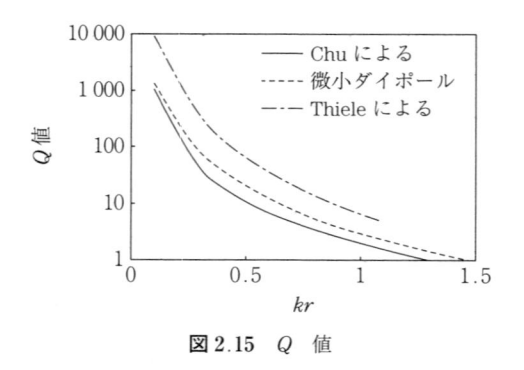

図 2.15　Q 値

2.8　広帯域化手法

アンテナを小形化すると，2.5 節で述べたように，帯域幅，利得あるいは放

射効率のいずれか，または，すべてが犠牲になることが知られている。したがって，アンテナを広帯域化することは，小形化と相反的な関係にあることに注意を払う必要がある。一般に，広帯域にするには，アンテナの損失を増やす（Q値を下げる），アンテナ素子形状を工夫する，アンテナにインピーダンスを装荷する，補対構造にするなどの方法がある。また，二つの周波数において共振が得られるような2共振特性を有する場合も，広帯域化につながる。

図 2.16（a）は，整合回路を用いてQ値を下げることによって，2共振特性を生じさせる方法である。ただし，整合回路を使用することによって損失が発生するので，放射効率は劣化する。図（b），（c）は，アンテナ素子を工夫する例として，それぞれ平板構造とボウタイ構造を示したものである。

基本的に，アンテナを大きくすると広帯域になるが，これは多くの電流経路を取ることができるためと考えられる。ボウタイアンテナは，広帯域アンテナとして知られ，結合部における三角形の頂角によってインピーダンスを調節することができる。また，この他の広帯域な構造としては，楕円形状も報告され

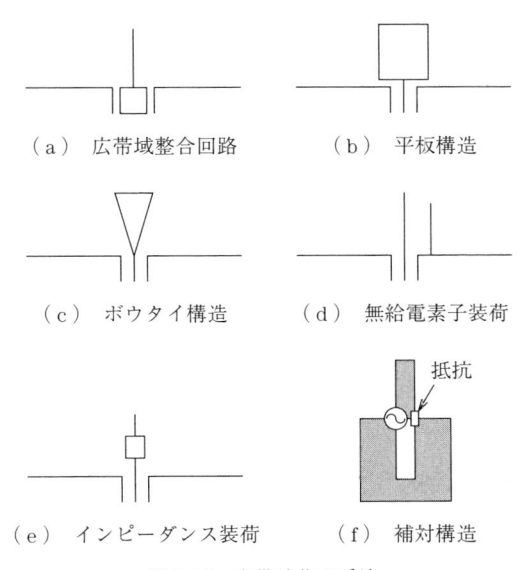

（a）広帯域整合回路　　（b）平板構造

（c）ボウタイ構造　　（d）無給電素子装荷

（e）インピーダンス装荷　　（f）補対構造

図 2.16　広帯域化の手法

ている。

　図（d）は，無給電素子をアンテナ素子近傍に配置して，電磁結合によって2共振特性を得るものである。図（e）はアンテナ線上にインピーダンスを装荷して電流分布を変化させ，2共振特性を得るものである。図（f）は，モノポールアンテナとスロットアンテナの補対構造となっており，周波数に依存しない定インピーダンス特性になることが知られている。しかしながら，実際には有限な構造になる点に注意する必要がある。

　つぎに，平板アンテナの広帯域化の代表例を**図 2.17**に示す。図（a）は，モノポールアンテナと同じように整合回路で行うものであり，共振周波数が大きく離れていない2周波数に対しても用いられる方法である。モノポールと同じように，整合回路の損失を考慮すると放射効率が劣化する。図（b）は放射板に突起を設けることで等価的にリアクタンスが装荷されたことになり，2周波で共振させることができる。比較的製作が容易であるという特徴を有する。

　図（c）は，放射板とグランド板の間にポストを付加するものであり，この場合も等価的にリアクタンスを装荷することと同じである。また，2.3節で述べたように，放射板とグランド板間の開口部を放射源として考えれば，ポストを付加することにより，実効的に二つの周囲長（放射源）を持つため，2共振特性となる。

　図（d）は，放射板とグランド板の間に直接リアクタンスを装荷するものであるが，片側の先端を短絡あるいは開放した同軸線路を用いる場合がある。これは，1.1節で述べたように，片側を短絡した伝送回路の長さを変えることによってリアクタンス値を変化させることができることを利用している。図（e）と図（f）は，ともに無給電素子を利用するものであり，並列に配置するか上下に配置するかの違いである。共振周波数は放射板と無給電素子の寸法によって決定するが，素子間の結合を考慮することが必要である。

2.8 広帯域化手法　53

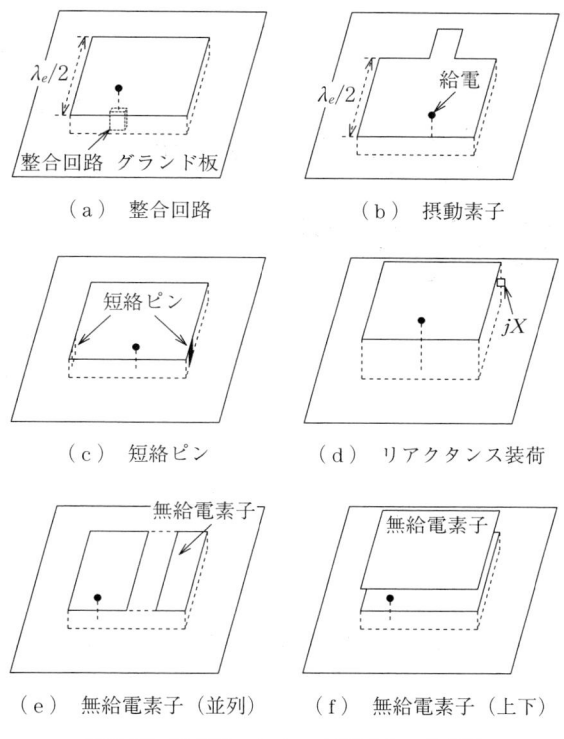

(a) 整合回路

(b) 摂動素子

(c) 短絡ピン

(d) リアクタンス装荷

(e) 無給電素子（並列）

(f) 無給電素子（上下）

図 2.17 平板アンテナの広帯域化の代表例

3 小形アンテナの実現手法

2章では，アンテナの小形化の基礎的概念やその実現手法の概要と，その分類について述べた．本章では，実現方法について，現在最も実用化が進んでいる小形アンテナの一つとして逆Fアンテナを取り上げ，具体的に説明する．

3.1 逆Fアンテナの動作原理

3.1.1 全　　　般

逆Fアンテナは，小形でかつ比較的広帯域な特性をもつため，これまでに携帯端末などに搭載されてきており，携帯端末用小形アンテナとしては最も代表的なアンテナである．逆Fアンテナの派生形となるさまざまなアンテナが提案され，かつ実用化されており，逆Fアンテナの基本的な動作原理を理解することは小形アンテナを設計・製作するうえで極めて有用であると考えられる．

本章では，筐体上板状逆Fアンテナを最終形態とするアンテナの発展推移を柱として説明していく．この発展の流れには，① モノポールアンテナ・逆Lアンテナ・逆Fアンテナといった線状素子と，② マイクロストリップアンテナ・片側短絡型マイクロストリップアンテナ，といった板状素子の二つがあり，これらの流れの融合型として板状逆Fアンテナが存在している．ここでは，それぞれの流れの動作原理を簡単に説明し，板状逆Fアンテナの設計指針や特性について示す．

3.1.2 線状逆Fアンテナ

ダイポールアンテナ素子の片側を無限グランド板上に設置し，グランド板上から給電するとモノポールアンテナになる。一般に$\lambda/4$素子長のモノポールアンテナは共振がとりやすいが，移動体に設置する場合には，その突起が大きいため，風圧・空気抵抗の観点で低姿勢化が望まれる。

単純に素子長を短縮すると微小モノポールとなりインピーダンス不整合が生ずる。このため，素子長を維持したまま素子先端を垂直に折り曲げて低姿勢化したアンテナが逆Lアンテナである。図3.1に示すように，この逆Lアンテナをさらに低姿勢化させると，放射抵抗が小さくなり，容量性リアクタンス成分が増加して給電点での整合がとりにくくなる。高さhの垂直部分は放射素子と呼ばれ，長さ$L-h$の水平部分は，ここを流れる電流がグランド板によるイメージ電流で放射が打ち消されるので，非放射素子とも呼ばれる。放射素子部を，グランド板に垂直な微小電流素子と考えれば，低姿勢化することでの入力インピーダンスの変化を理解できる。

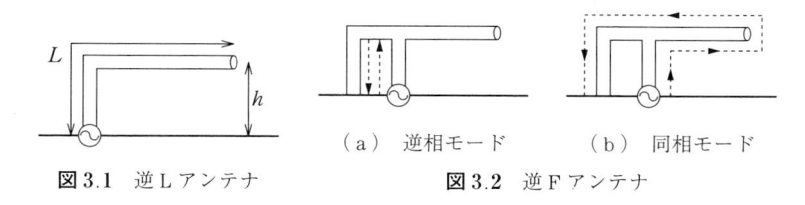

図3.1　逆Lアンテナ　　　　　図3.2　逆Fアンテナ
（a）逆相モード　　（b）同相モード

放射抵抗を増加させ，折り曲げたことによって生じたキャパシタンス成分を打ち消すために，給電点付近に短絡線を設けたものが，図3.2に示すような逆Fアンテナである[1]。図3.2において破線で示した矢印は，電流の流れを示している。

3.1.3 板状逆Fアンテナ

板状逆Fアンテナ（PIFA）は，図3.2の線状逆Fアンテナ素子を平板で構成したものであり，3.1.1項で述べたように二つの流れからの融合型アンテナ

とみなすことができる。一つのとらえ方としては、みかけ上、線状逆Fアンテナのワイヤ状素子からなる伝送線路アンテナの一部を平板素子に置き換えて、広帯域化を図ったものであると考えることができる。一方で、方形マイクロストリップアンテナからの変形アンテナであると考えることもできる。ここでは、後者の考え方に沿って、板状逆Fアンテナの動作を説明する。

まず、方形マイクロストリップアンテナの原理については、2.3節で述べたように、開口面からの磁流を放射源として考えることができる。方形マイクロストリップアンテナから板状逆Fアンテナへの流れと小形化手法を図式的に表したものを、**図3.3**に示す。方形マイクロストリップアンテナ内部の電磁界分布は、放射板の長さが半波長なので、その中央部では電界が0になり、電界が0となる位置に短絡板を立ててアンテナ長を1/2に短縮すると、片側短絡

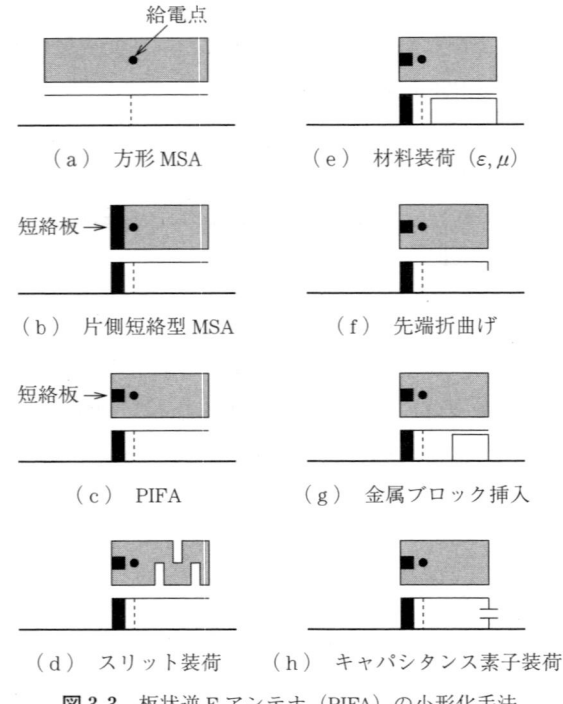

図3.3 板状逆Fアンテナ（PIFA）の小形化手法

(a) 方形MSA
(b) 片側短絡型MSA
(c) PIFA
(d) スリット装荷
(e) 材料装荷 (ε, μ)
(f) 先端折曲げ
(g) 金属ブロック挿入
(h) キャパシタンス素子装荷

型マイクロストリップアンテナ[2]と呼ばれる方形マイクロストリップアンテナとなり，小形化が実現できる．このアンテナの短絡板の幅を平板幅より小さくすると，等価的なインダクタンス分が増加して共振周波数が下がり，アンテナをより小形にすることができる．短絡板の幅が平板幅に比して極めて小さいときの最終的な形状は，板状逆Fアンテナの構造そのものに等しくなる．

図 3.4 に示すグランド板上の板状逆Fアンテナの寸法を変えた場合の，電流変化の概要と小形化（共振周波数）の傾向を，それぞれ図 3.5 と図 3.6 に示す[3]．ただし，グランド板の大きさは無限大の場合である．以下に，各特性に

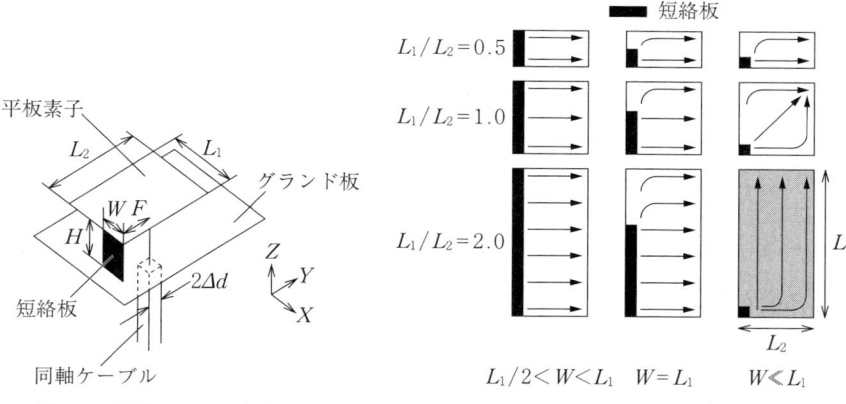

図 3.4 解析に用いた板状逆Fアンテナの構造[3]

図 3.5 平板素子の形状比と短絡板幅に対する平板素子上の電流変化[3]

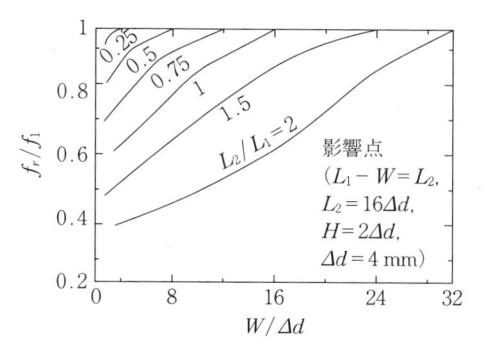

図 3.6 短絡板の幅 W に対する共振周波数の変動[3]

ついて説明する。

(1) 電界分布と電流分布

板状逆Fアンテナ素子内部のZ方向成分の電界分布は，短絡板の位置で0，短絡板の反対側に位置する開放端で最大となる。短絡素子の幅が平板の幅と等しい場合の分布は，片側短絡型マイクロストリップアンテナの場合に相当し，その内部電界分布と同様の分布である。短絡板の幅Wが小さくなると，図3.5に示すように電流経路が変化し，その等価的経路長が長くなる。その結果，共振周波数が低下し，板状逆Fアンテナが，より小形なアンテナとして動作するものと考えられる。

(2) 共振周波数とその近似式

図3.4の板状逆Fアンテナの共振周波数は，つぎの近似式を用いて求められる。

$$2(L_1+L_2)=\frac{\lambda_0}{2} \tag{3.1}$$

ここでλ_0は共振時の自由空間波長である。ここで短絡板幅Wと高さHの影響を考慮した共振周波数は，以下の式によって求めることができる[3]。

$$L_1/L_2 \leqq 1 \text{のとき，} f_r=rf_1+(1-r)f_2 \tag{3.2}$$

$$L_1/L_2 > 1 \text{のとき，} f_r=r^k f_1+(1-r^k)f_2 \tag{3.3}$$

ここで，$r=W/L_1$，$k=L_1/L_2$，$f_1=c/\{4(L_2+H)\}$，$f_2=c/\{4(L_1+L_2+H-W)\}$であり，cは光速である。

つぎに，短絡板幅Wおよび平板素子の形状比（L_1/L_2）を変化させると，共振周波数f_rは図3.6に示すように変動する。正規化周波数f_1は，$W/L_1=1.0$（片側短絡型マイクロストリップアンテナに相当）の場合の共振周波数である。共振周波数は短絡板幅Wが小さくなるにしたがって低下し，$W\approx0$，すなわち平板素子の角部分に細い短絡ピンを持つ構造の板状逆Fアンテナが，最も小形になることがわかる。また平板素子の形状比が大きいほどW/L_1比に対する共振周波数の低下が大きい。図3.5に示すように，$L_1-W<L_2$の場合には，アンテナ素子上の電流は，おもに平板の長辺開放端側へ向かうように

流れるが，$L_1-W>L_2$ の場合には電流は逆に，平板の短辺開放端側へ向かうように流れる。また，式 (3.2) および式 (3.3) で表される近似式は，実測結果と誤差 3% 程度で一致している。

3.2 形状による小形化

逆 F アンテナを小形化する方法は，インダクタンス値を増加させる方法と，キャパシタンス値を増加させる方法の二つに大別できる。板状逆 F アンテナは，図 3.7 に示すような等価回路においてインダクタンスとキャパシタンスからなる構成となっており，入力アドミッタンスは次式で表される。

$$Y_{in} = G + j\left(\omega C - \frac{1}{\omega L}\right) \tag{3.4}$$

コンダクタンス G は，アンテナの放射抵抗と損失抵抗の和の逆数である。共

（ⅰ）ダイポールアンテナ　（ⅱ）ループアンテナ　（ⅲ）板状逆 F アンテナ

（a）入力インピーダンス特性

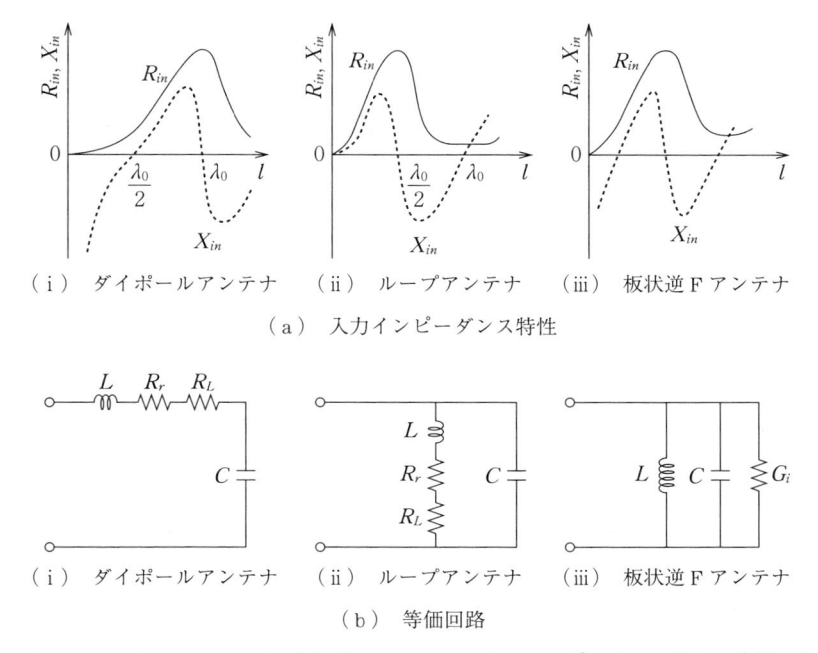

（ⅰ）ダイポールアンテナ　（ⅱ）ループアンテナ　（ⅲ）板状逆 F アンテナ

（b）等価回路

図 3.7 ダイポール，ループ，板状逆 F アンテナの入力インピーダンス特性と等価回路

振周波数の低下は，式 (3.4) において L と C の値を大きくすることで実現される。

インダクタンス値の増加は，電流が大きく流れるところ（例えば，給電部付近）にノッチなどを装荷することで実現され，キャパシタンス値の増加は，電界が強いところ（例えば，アンテナの先端部）に金属体を装荷することなどで実現される。

3.2.1 インダクタンス値を増加させる方法

図 3.3 (d) のように板状逆 F アンテナに切込み（スリット）を入れると，平板素子を流れる電流が切込みを避けるように迂回するので，電流経路が長くなり，アンテナを小形化することができる[4]。これは，式 (3.1) に示される周囲長 $2(L_1+L_2)$ が等価的に長くなり，共振周波数が低下するためと考えられる。また，このことは，経路長の増加によるインダクタンスの装荷とも解釈でき，すなわちインダクタンス値を増加させていることになる。

3.2.2 キャパシタンス値を増加させる方法

キャパシタンス値を増加させる方法として，図 3.3 に示すように（1）放射素子の先端を折り曲げる[5]，（2）金属ブロックを挿入する[6]，（3）金属板を近接させる[7]，（4）キャパシタンス素子を装荷する[8]，などがある。

図 3.3（f）の方法では，平板素子の先端を折り曲げて上から見た専有面積を小さくするとともに，グランド板と平板素子を近接させてキャパシタンス値を増加させている。この方法は，実際の携帯端末に板状逆 F アンテナを収納する際によく用いられる小形化手法である。

図 3.3（g）では，平板素子とグランド板の間に金属ブロックを挿入することで，キャパシタンス値を増加させている。金属ブロックを短絡板から遠くするほど，平板素子に面する金属ブロックの上面が広いほど，金属ブロックと平板素子の間隔が狭いほど，キャパシタンス値が増加する。この金属ブロックを挿入する方法においては，金属筐体を有する誘電体フィルタを使用する方法[6]

もあり回路部品としても考えられるので，容積の有効利用として利点がある。

図3.3(h)は，平板素子の先端に，直接キャパシタンス素子を付加するものである。

また，スリットを備えた短絡型マイクロストリップアンテナで，各開放端にキャパシタンス素子を付加したものが提案されている[8]。このアンテナは，2共振動作する構成で小形化されている。

3.3 材料による小形化

3.3.1 誘電体

誘電体を用いた逆Fアンテナの小形化については，実用化における開発が先行したため，それに関する研究報告などは少ない[9]〜[11]。板状逆Fアンテナは，前述したように片側短絡型マイクロストリップアンテナの変形と考えられるので，マイクロストリップアンテナと同様に，平板素子とグランド板の間に誘電体を挿入することにより，平板素子を$1/\sqrt{\varepsilon_r}$（ε_r：比誘電率）程度に短縮させることが可能である。誘電体による損失により利得や放射効率が低下することも考えられるが，比誘電率の大きな誘電体材料を用いた板状逆Fアンテナも報告されている[12]。

逆Fアンテナのほかに，誘電体を装荷してアンテナを小形化した特筆すべき事例として，チップアンテナがある。このアンテナは低姿勢で，かつチップ部品のように表面実装が可能である。誘電体には比誘電率4〜16の材料が一般的に用いられる。誘電体装荷1/4波長モノポールアンテナを小形の直方体として表面実装可能な構造にしたものや，両端開放型の1/2波長マイクロストリップアンテナを基本としたものが開発されている。

3.3.2 磁性体

磁性体については，損失が大きいなどの問題から，従来は中波帯のような低い周波数のアンテナにおいて利用されているにすぎなかった[13]〜[15]。また最近

では，電磁シールドや電波吸収体の利用が考えられている[16), 17)]。一方で，高周波帯において低損失な磁性材料が近年開発されてきており[18), 19)]，これらの磁性材料を用いた，900 MHz 帯および 2 GHz 帯における板状逆 F アンテナの小形化について，検討が行われている[20)~24)]。

ここでは 900 MHz 帯における解析結果の一例を示す[25)]。解析に用いた板状逆 F アンテナおよび金属筐体を**図 3.8** に示す。磁性体の効果的な形状および配置を考慮するうえで，板状逆 F アンテナおよび金属筐体上の電流分布を調べると，給電ピンと短絡ピンに強く電流が流れているほか，板状逆 F アンテナと金属筐体にはさまれている両側の表面上に電流が多く流れていることが確認でき，板状逆 F アンテナの表側の電流分布より，板状逆 F アンテナの周囲に電流が集中していることがわかる。

この電流分布を基に可能な限り小容積による効果を考慮した磁性体の構造お

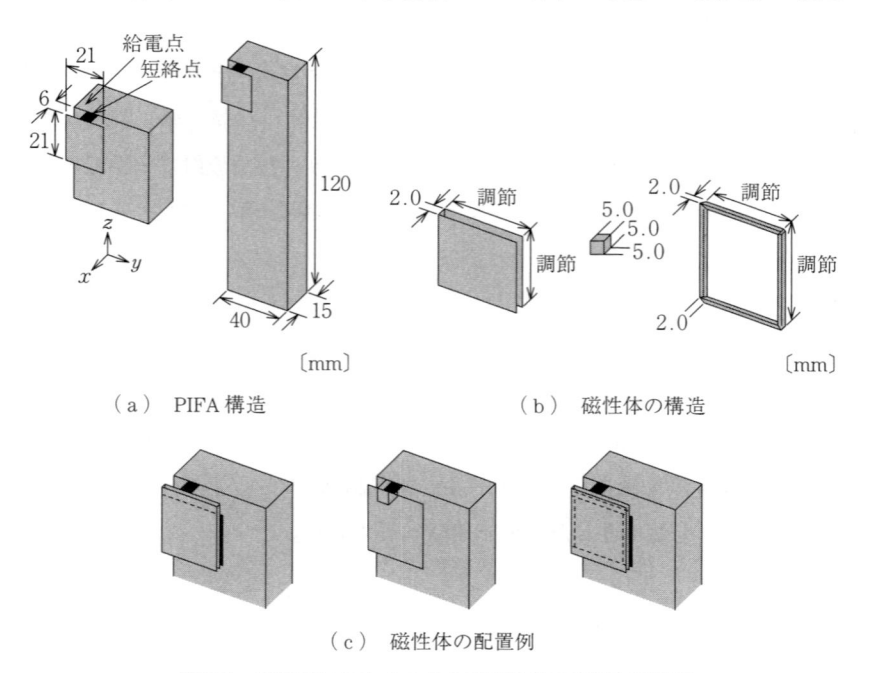

(a) PIFA 構造

(b) 磁性体の構造

(c) 磁性体の配置例

図 3.8　板状逆 F アンテナおよび磁性体の構造と配置例

および配置の一例を，図（b）と図（c）に示す。小形化の一検討として
(i) 磁性体小片を短絡ピンに挿入した場合
(ii) 板状磁性体を板状逆Fアンテナの裏側に配置した場合
(iii) (i)と(ii)を組み合せた場合
(iv) 板状逆Fアンテナの裏側にループ状磁性体を配置した場合
(v) (i)と(iv)を組み合せた場合

の5通りについて考える。磁性体を用いた板状逆Fアンテナは，共振周波数が2GHzになるように，板状逆Fアンテナの大きさと短絡ピンの位置を調節している。板状逆Fアンテナと金属筐体の間隔は（i）から（v）のすべてにおいて同じ6mmとする。

表3.1に板状逆Fアンテナの小形化率を示す。ここでの小形化率は，磁性体のない場合の板状逆Fアンテナの面積を基準にして算出したものである。比帯域は，小形化に伴う狭帯域特性を示している。表より，磁性体を用いることで最大46.4％の小形化が可能になっていることがわかる。いずれの場合も磁性体による利得などの放射特性への影響は少ない。

表3.1 板状逆Fアンテナの小形化率と比帯域および磁性体の占有体積

	板状逆Fアンテナの面積 [mm^3]	小形化率 [％]	比帯域 [％]	磁性体の占有体積 [mm^3]
基 準（磁性体なし）	2 200	100	12.2	------
(i) 小片	1 800	81.8	12.2	24.0
(ii) 板状	1 260	57.3	8.9	2 450
(iii) 小片＆板状	1 020	46.4	7.8	2 004
(iv) ループ状	1 760	80.0	12.2	780
(v) 小片＆ループ状	1 330	60.5	8.9	689

3.4 整合技術

整合技術そのものは小形化技術ではない。しかしながら，アンテナの小形化

は基本的にインピーダンスの不整合を招くため，放射効率が劣化する。したがって，アンテナを小形化するにあたり，整合技術は重要である。また，小形化技術と整合技術を一体で考えることが，小形アンテナの設計・製作のうえで重要になってくる。

小形アンテナに関する整合技術は，別の観点からみれば広帯域化技術であるということもできる。ここでは，アンテナ小形化に関連して必須となる整合技術・広帯域化技術をいくつか紹介する。一つには，素子の板状化・立体化があげられる。これにより電流経路に多様性が生まれ，広帯域化が可能となり，整合がとりやすくなる場合がある。

3.4.1 短絡素子

短絡素子による整合は，すでに説明した逆Fアンテナやトップロード付折返しモノポールアンテナなどに広く用いられている整合技術である。ここでは，線状逆Fアンテナの整合技術を，短絡素子に着目して説明する。給電点からの電流が近接する短絡線に図3.2(a)のように流れ込むとき，その電流経路が短いので，向きが逆，すなわち位相が反転した逆位相モードの動作に近いと考えられる。逆位相モードは先端を短絡した平行線路と考えられるので，低姿勢化したアンテナの容量性リアクタンス成分を打ち消すことになり，給電回路に整合回路を付加したことになる。

これに対して，図3.2(b)に示すように，給電点から電流が非放射素子を通って短絡線に流れこむとき，その経路長が半波長程度になると，電流の向きが逆，位相が反転するので，結果的に給電点からの電流と短絡線の電流が同相で強めあうことになる。これは折返しダイポールアンテナの動作原理に近く，放射抵抗を増加させる効果がある[1]。この原理に基づき短絡素子と給電線の間隔や短絡素子の高さ・幅を変化させることにより，共振周波数の調整が可能である。また，板状逆Fアンテナでは3.1.3項で示したように，短絡素子の高さや幅を適宜調整することにより，所望の整合をとることが可能である。

3.4.2 リアクタンス装荷（集中定数素子）

インピーダンス特性，特にリアクタンス成分を直接補償する方法としては，集中定数リアクタンス素子の装荷がある。給電部近傍にキャパシタンス素子やインダクタンス素子を装荷することにより，直接的にインピーダンス整合をとる方法である。一般的に，集中定数素子の周波数特性に起因して狭帯域化することが知られている。また，集中定数素子自体が有する抵抗成分による損失を考慮する必要がある。モノポール給電部への LC 回路装荷の具体例を**図 3.9** に示す。

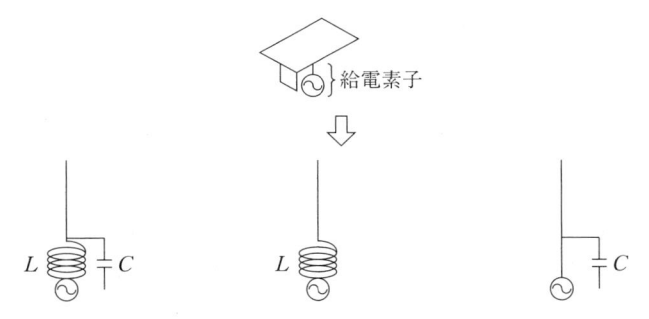

（a） LC 回路　　（b） インダクタンス回路　　（c） キャパシタンス回路

（回路素子はチップインダクタやチップコンデンサによる表面実装や多層基盤内部実装の場合もある）

図 3.9　給電点近傍への集中定数リアクタンス素子の装荷

3.4.3 リアクタンス装荷（分布定数素子）

アンテナ素子に直接集中定数リアクタンス素子を装荷する以外にも，リアクタンス装荷の方法がある。分布定数リアクタンス素子の装荷により，アンテナ構造自体で自己共振をとる方法である。これは，アンテナ近傍やアンテナ自体に付加素子を配置・接続することにより，それら付加素子ともとのアンテナとを含めたアンテナ系全体により，インピーダンス整合を行うものである。付加素子がもとのアンテナのインピーダンス特性を補償するように設計する必要があり，集中定数型と比べると高度な手法で，基本的な概念の理解と熟練を要す

る。

ここでは，図 3.10 に示す筐体上線状逆 F アンテナの折曲げ構造を，例として取り上げる[3]。筐体端部の逆 F アンテナの水平素子部を 2 回垂直に折り曲げた構造である。これにより，携帯端末寸法内に 800 MHz 帯の逆 F アンテナを実装している。給電点付近の垂直素子部の中間から，折曲げ水平素子に沿って，付加的な水平素子が取り付けられている。この付加素子の追加は，分布定数素子であるリアクタンスの装荷と等価である。

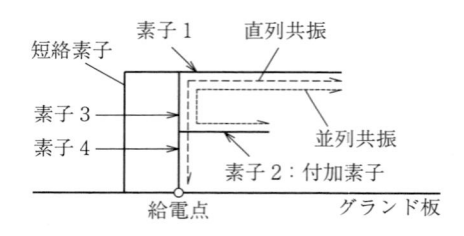

図 3.10 直列および並列共振モードを有する逆 F アンテナ

このアンテナは，二つの異なるアンテナに分解して取扱うことができる。一方は，付加素子がない逆 F アンテナであり，そのインピーダンス軌跡が，スミスチャートのキャパシタンス側からインダクタンス側へと移動するという傾向により，直列共振アンテナと位置づけられている（図 3.11）。他方は，付加素子を含めた逆 L アンテナである。このアンテナは，そのインピーダンス軌跡が，スミスチャートのインダクタンス側からキャパシタンス側へと移動するという傾向により，並列共振アンテナと位置づけられている（図 3.12）。

この付加素子付逆 L アンテナと前述した折曲げ逆 F アンテナを組み合せた

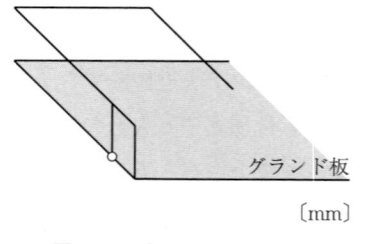

図 3.11 直列共振アンテナ

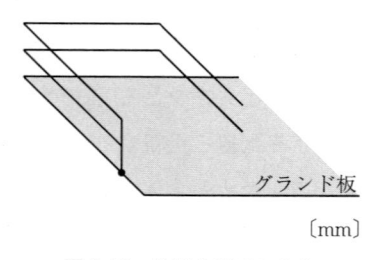

図 3.12 並列共振アンテナ

ものが，図3.10に示す付加素子付折曲げ逆Fアンテナである．これは，二つの異なるモードの融合型，すなわち複合モードととらえることができる．小形化技術，整合技術として，各種の技術が集積されたアンテナであるといえる．すなわち

① 逆Fアンテナ自体が縦方向折曲げ形である（小形化技術）
② 短絡素子で整合をとっている（整合技術）
③ 筐体寸法に合わせるように横方向折曲げ形である（小形化技術）
④ 分布定数リアクタンス素子装荷による整合（整合技術）
⑤ さらに短絡線を平板化した整合（整合技術）
⑥ 筐体電流を利用している（整合技術）
⑦ 複合モードとして動作する（小形化技術）

などの技術である．

なお，グランド板を含む筐体を積極的に利用した整合技術は，波長と比較して同程度の寸法を有する携帯端末上アンテナでは，諸特性を左右する重要な問題であり，次節で詳しく説明する．

3.5 グランド板の影響

グランド板を必要とするアンテナにおいて，そのアンテナ特性は，グランド板の大きさに依存する．逆Fアンテナも同様であり，特に筐体に設置したときは筐体もアンテナの一部として動作するため，筐体を含めた解析が必要である．ここでの筐体は，金属から構成される箱型，あるいは簡単に模擬した有限グランド板を想定している．

3.5.1 筐体上の電流からの放射メカニズム

端末筐体のアンテナ特性への影響について，モーメント法およびワイヤ・グリッド・モデルを用いて，端末筐体上のモノポールアンテナの放射特性が定量的に評価されている[13],[27]．ここで用いられたワイヤ・グリッド・モデルによ

る近似は，モデルの精度がやや粗くても，放射特性に関しては比較的高い計算精度を実現できるという特徴を有している．計算結果より，1/4 波長モノポールアンテナが，半波長モノポールアンテナと比較して，端末の筐体へ大きな漏洩電流をもたらすことが明らかにされている（**図 3.13**）．また，このような漏洩電流により筐体がアンテナとして動作し，筐体の長さがアンテナの放射特性を変化させることを示している．

（a） $\lambda/4$ モノポールアンテナ　　　　（b） $\lambda/2$ モノポールアンテナ

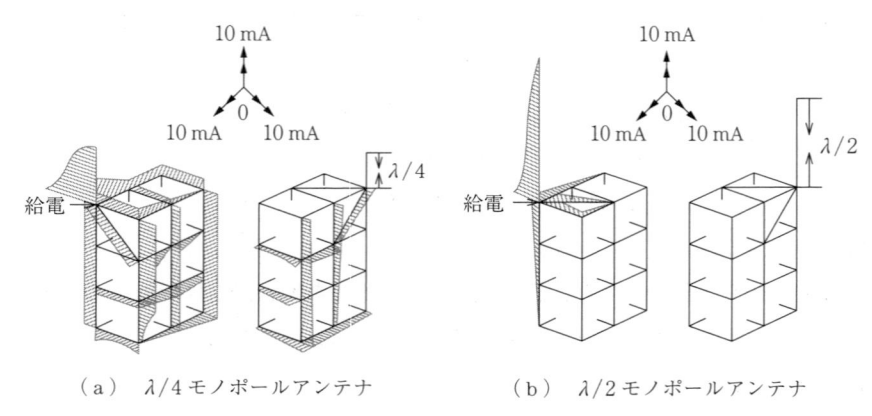

図 3.13 端末の表面上の電流分布

この漏洩電流の影響に関連して，高精度のグリッドモデルを用いたシミュレーションにより，有限グランド板上のマイクロストリップアンテナの詳細な電流分布も求められている[28]．さらに筐体電流による放射パターンの変化は，アンテナおよび端末筐体からの放射を個々に分離して調べられており，その結果，上記の放射パターンの変化が，アンテナと筐体からの放射界の位相差によって引き起こされることが明らかにされている[29]．

3.5.2　筐体長と放射の関係

シミュレーションだけでなく測定においても，端末の大きさとアンテナ利得の関係が評価されている．実際の屋外伝搬環境実験による測定結果により，端末のサイズによってアンテナ利得が低下することが明らかにされている[30]．

この他，逆Fアンテナにおいても，筐体長によって広帯域化を行う試みがなされ，アンテナの帯域特性改善として，端末の筐体構造の適切な選択が必要になることが示されている[31]。なかでも，半波長を有する端末筐体が最大の帯域幅を有することが示されたが[32]，これは，筐体を放射素子としてとらえ，その長さを最適化することで放射抵抗を増加させた結果であると解釈される。

3.5.3 筐体上の電流抑制

端末筐体上の電流を抑制する方法として，筐体に切込みを入れる方法が提案されている[33]。給電点から4分の1波長の位置につけた4分の1波長の切込みは，筐体上の電流に対してチョークとなる働きを実現する。**平衡・不平衡変換器（バラン：Balun）**を備えたスリーブアンテナの特性は，半波長のダイポールアンテナと同様になる。さらに，このアンテナは，端末の筐体上の電流漏えいを抑制する。

しかしながら，このアンテナには，柔軟な給電ケーブルが必要となる。この対策として，同軸ケーブルの代わりにマイクロストリップ線路を用いる方法が提案され[34]，さらに並列のストリップ線路を用いる方法が提案されている[35]。

4 小形アンテナの測定

この章では,携帯機器に搭載されている小形アンテナを想定して,アンテナ特性に必要な注意事項を中心に,測定項目を取り上げる。小形アンテナの測定時に特に注意すべき事項は,測定ケーブルの取扱いであり,その測定ケーブルの影響を取り除くための,小型発振器や光ファイバの使用について解説する。放射効率の測定では,パターン積分法,Wheeler cap 法など代表的な測定法を取り上げ解説する。最後に,振幅だけではなく位相も測定できる,複素アンテナパターンの測定法について概説する。

4.1 測定時における注意事項

一般に,アンテナの寸法が小さくなるにつれて,その特性の測定が困難になる。小形アンテナ測定の困難さは,アンテナ構造の非対称性や,アンテナ特性が周囲環境の影響に敏感であることに起因する。また,小形アンテナが無線システム機器のプラットフォームに組み込まれた場合や取り付けられる場合には,測定はより困難になる。その際には,アンテナ系は,アンテナと機器筐体の組み合された構造となり,そのようなアンテナ系の特性を測定する必要がある。

このように小形アンテナの性能の特性を信頼できる形で測定するためには,特に配慮が必要である。注意を払わなければならない代表的な場合はつぎの通りである。

・アンテナの寸法が波長,あるいは近傍導体の寸法に比べて非常に小さい場合
・アンテナ構造が非対称の場合

4.1 測定時における注意事項

・なんらかの近接影響がアンテナに存在する場合

　携帯機器に搭載された小形アンテナの特性は，携帯機器本体や，それを保持・操作する人の影響を大きく受けるために，測定に際しては特別な注意が必要である。特に問題になるのは，測定のためにアンテナに接続する同軸ケーブルである。同軸ケーブルは金属線であるために，アンテナとの接続の際には，同軸ケーブルの外側導体に電流が流れないように工夫することが必要であり，これをいかにして実現するかが，携帯機器上の小形アンテナ測定に際して最も重要である。さらに，アンテナの特性が人体とアンテナの位置関係に大きく依存するので，どのような環境下でのアンテナ特性を求めたいのかを考慮した測定を行うことも重要である。

　アンテナ構造に対称性がある場合には，数波長の大きさを持つグランド板を使用して，イメージ理論により，本来のアンテナ構造と等価なアンテナ特性の測定をすることができる。グランド板を用いると，グランド板を使用しない測定と比較して，より簡単でより正確な測定が可能となる。すなわち，被測定アンテナが簡易で対称な構造の場合には，グランド板を用いることでアンテナ構造が半分となり，被測定アンテナの給電において同軸ケーブルの使用が可能となる。その際，同軸ケーブルの外側導体はグランド板に接続されるため，バランが不要になる。また，グランド板があるため，ノイズや干渉をアンテナの給電から隔離でき，安定した測定が可能になる。さらに，グランド板の下から同軸ケーブルで給電することにより，測定を乱す原因となる不平衡電流がなくなることも利点である。

　しかしながら，実際の測定では，グランド板は無限大ではなく有限の大きさになるため，不要な不平衡電流がグランド板上に生じ，さらにはグランド板の裏にも電流が流れる。したがって，入力インピーダンスおよび放射パターンの正確な測定のためには，通常，数波長以上の大きさのグランド板を用いる必要がある。ただし，放射パターン測定においては，グランド板のエッジからの散乱波のために，どのような大きさのグランド板を利用しても，大きさが有限であることによる影響は避けられない。

4. 小形アンテナの測定

一方,アンテナが平衡給電端子を持ち,給電のために同軸ケーブルが接続されると,不平衡電流が同軸ケーブル上に発生する。小形アンテナが非対称,不規則,あるいは複雑な構造の場合にも,同じような状況となる。その際にはバランの使用が必要となり,カップリング,近接影響などを避けるための手段をとらなければならない。また,実際の使用状態に近い形態で測定する際には,金属板によるイメージが使用できないために特別な工夫が必要となる。

同軸ケーブルの外側導体上に流れる不平衡電流に対する対策は,不平衡給電型アンテナと平衡給電型アンテナの場合とで異なる。

不平衡給電型アンテナの場合には,不平衡電流が流れてしまうため,同軸ケーブルにフェライトビーズを取り付けたり,同軸ケーブルの引回し方を工夫することにより対策を講じる[1]。例えば,測定する偏波と直交するように同軸ケーブルを引き回す。ケーブルの引回しによる影響の低減が可能な場合も多いので,その際にはケーブルを素手で触り,位置を変化させることによるアンテナ特性の変動で確認できる。

平衡給電型アンテナでは,アンテナの平衡・不平衡変換器(バラン)を使用する方法がある[2,3]。これは,平衡給電型アンテナに対して,バランを使用せずに同軸ケーブル(不平衡系)を直接接続すると,同軸ケーブルの外側導体に不要な不平衡電流が流れることにより,アンテナ特性が同軸ケーブルの接続方法・引回し方・配置によって大きく変動し,本来のアンテナ特性が測定できなくなるからである。

同軸ケーブルを用いずに,小型発振器を直接アンテナに接続する方法もある[4,5]。この方法では,小型発振器を携帯機器の中に内蔵させて,アンテナに直接に,またはバランを介して発振器を接続するので,同軸ケーブルの影響のない放射パターンの測定が可能であるが,入力インピーダンス特性の測定ができないという欠点がある。

同軸ケーブルや小型発振器の欠点を克服する測定法に,光システムを利用する方法がある[1]。この方法では,高周波信号を光信号に載せて光ファイバで伝送し,その後に光信号から高周波信号を取り出すもので,同軸ケーブルの代わ

りに誘電体の光ケーブルを利用するために，同軸ケーブルの影響を取り除くことができる。

またこの方法では，入力インピーダンス特性も測定可能であり，アンテナとの接続部分を小形化することにより平衡・不平衡変換も不要となるため，今後，有望な測定法といえる。ただし現状では測定システムが高価であることが欠点である。

4.2 同軸ケーブルを用いた測定

携帯機器に搭載された小形アンテナは，給電構造により，**図4.1**の**不平衡給電型アンテナ**と図4.2の**平衡給電型アンテナ**に分類できる。不平衡給電型アンテナとしては，筐体上のモノポールアンテナ，逆Fアンテナ，マイクロストリップアンテナなどがある。平衡給電型アンテナとしては折返しループアンテナなどがある。

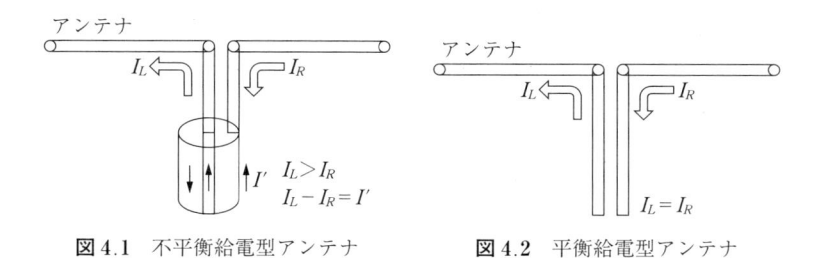

図4.1　不平衡給電型アンテナ　　図4.2　平衡給電型アンテナ

4.2.1　不平衡給電型アンテナの測定

不平衡給電型アンテナでは，同軸ケーブルの外側導体を携帯機器の筐体に接続し，中心導体をアンテナに接続することにより，同軸ケーブル先端での入力インピーダンス特性を測定することが可能である。また筐体に同軸コネクタを取り付けて，その中心ピンがアンテナへの給電線となるように筐体構造を設計すれば，測定の際に便利である。この場合には，アンテナ側に接続している同軸コネクタの中心ピンと筐体とをショートすることにより，同軸ケーブル先端

の校正面からの電気長を補正することができる。また，この場合には，同軸ケーブルを筐体から取り出す位置と方向が重要であり，筐体上の電流が流れていない場所から取り出して，放射パターンに影響を与えない方向にする必要がある[1]。またスリーブアンテナのシュペルトップと同様な構造のデュアルバンドバランにより，同軸ケーブルに不要電流を流さないようにする方法も有効である[3]。

4.2.2 平衡給電型アンテナの測定

平衡給電型アンテナの場合には，測定器に接続している同軸ケーブルとアンテナの間にバランが必要となる。

図4.3は，不平衡線路である同軸ケーブルと，平衡系アンテナに接続される平衡ケーブルの，接続部での電流の分岐を示したものである。この図の，同軸ケーブルの外側導体を流れる電流 I_1 をなくす作用を有する装置がバランであり，これにより，同軸ケーブル外側導体を流れる不要電流がなくなり，かつ平衡系アンテナに流れる電流も平衡となるため，ケーブルによる不要放射がなくなる。また平衡系アンテナも平衡モードで励起されるため，本来のアンテナ特性の測定が可能となる。

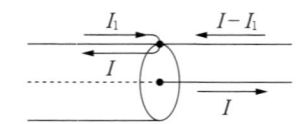

図4.3 不平衡線路（同軸ケーブル）と平衡線路の接続部の電流

図4.4に，従来から用いられている代表的なバラン構造を示す。ストリップ型，シュペルトップ型，分岐導体型（以上は1/4波長の長さ），半波長迂回線路型があり，この順番で製作が容易である。それぞれのバランの帯域幅は10％程度あるので，携帯端末のアンテナ測定では，中心周波数に合わせて一つのバランを製作すれば十分であることが多い。

しかしながら，上記のバランは波長程度の大きさになるため，携帯端末のア

(a) シュペルトップ型

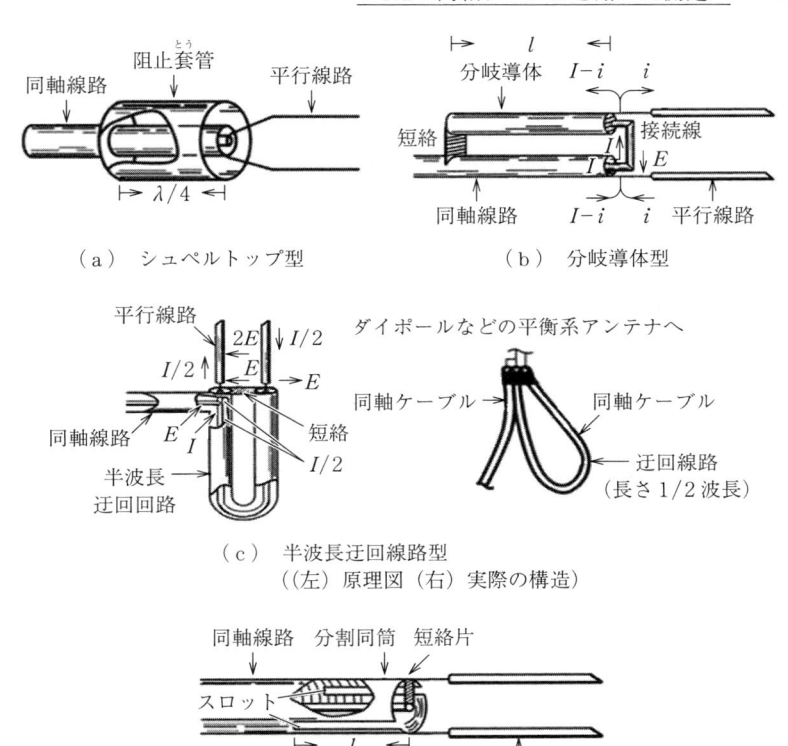

図中ラベル: 同軸線路, 阻止套管（とう）, 平行線路, $\lambda/4$

(b) 分岐導体型

図中ラベル: l, 分岐導体, $I-i$, i, 短絡, 接続線, 同軸線路, $I-i$, i, 平行線路, E

(c) 半波長迂回線路型
（(左) 原理図 (右) 実際の構造）

図中ラベル: 平行線路, $2E$, $I/2$, $I/2$, E, 同軸線路, E, 短絡, $I/2$, 半波長迂回回路, ダイポールなどの平衡系アンテナへ, 同軸ケーブル, 同軸ケーブル, 迂回線路（長さ1/2波長）

(d) ストリップ型

図中ラベル: 同軸線路, 分割同筒, 短絡片, スロット, l, 平行線路

図 4.4　代表的なバラン構造

ンテナ測定用としては大きすぎる欠点がある．そこで，小形バランとして，1 cm³ 以下のメガネフェライトコアを使用したものが市販されているが，上限周波数は 2 GHz 程度である．

より高周波領域で使用できるものとして，180°ハイブリッドを利用したバランがある．その概念図を**図 4.5** に示す[6]．抵抗を入れることによりバランとしての特性を改善している．また，各種周波数帯の 180°ハイブリッドを用いたバランも販売されている．プリント基板で自作することも可能であり，目的に合わせていろいろな大きさ・周波数が選べる点が特徴である．

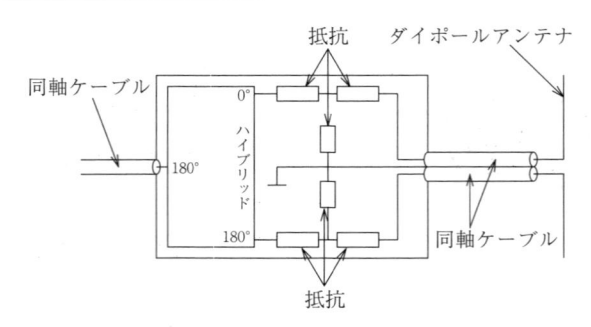

図 4.5　180°ハイブリッドによるバラン

4.3　小型発振器による測定

　放射パターンの測定に限定した場合，同軸ケーブルの影響をなくす小型発振器の使用は非常に有効である[4),5)]。VCO（voltage controlled oscilator）などの小型発振器を利用した測定は安価で容易にできるが，位相情報を測定できないという欠点がある。携帯端末を模擬した金属筐体内に，電池で動作する小型発振器を内蔵した場合の概念図を，**図 4.6** に示す[5)]。この際注意すべき点はアンテナと小型発振器の間に小型固定減衰器（6 dB 程度）を挿入することである。これによりアンテナと小型発振器の不整合に起因するアンテナへの入力電力の変動を軽減できる。

　小型発振器を利用したアンテナパターン測定系を**図 4.7** に示す。小型発振器は周波数帯域が比較的広くとれるため，受信アンテナに接続したスペクトルア

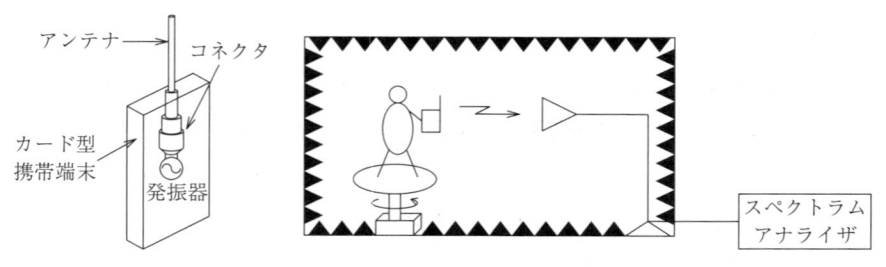

図 4.6　小型発振器内蔵の金属筐体上のアンテナ

図 4.7　小型発振器を利用したアンテナパターン測定系

ナライザの設定により，希望の周波数を選択する．また測定系の校正は，ダイポールアンテナなどのように利得が既知である基準アンテナに小型発振器を接続して行う．この校正時のスペクトルアナライザの指示値が基準アンテナの利得となり，この値と被測定アンテナを接続したときの測定値の差から，被測定アンテナの利得を求めることができる．

測定時の，人体を含む携帯端末用アンテナと受信アンテナ間の距離は，$2D^2/\lambda$ 以上あれば十分である[7]．ここで，D は人体を含むアンテナの，放射に寄与すると考えられる部分の寸法であり，λ は使用波長である．例えば，5章に人体頭部モデルとして直径 20 cm の球モデルを使用しているが，球モデルとアンテナ間の距離が 10 cm であるので，$D = 30$ cm となる．

4.4 光ファイバを用いた測定法[1]

4.4.1 光ファイバを利用する利点

4.2節で示したように，同軸ケーブルを図 4.8 に示したような小型無線端末上のアンテナに接続すると，ケーブル上に不要な電流が誘起され，ケーブルがない状態の本来の測定結果が得られない場合がある．4.3節で示したように，同軸ケーブルの影響をなくす方法として，小型発振器を端末上に搭載する方法も報告されているが，このような測定系では，精度が高いものの参照信号を取り出すことができないため，位相パターンを測定することは困難である．

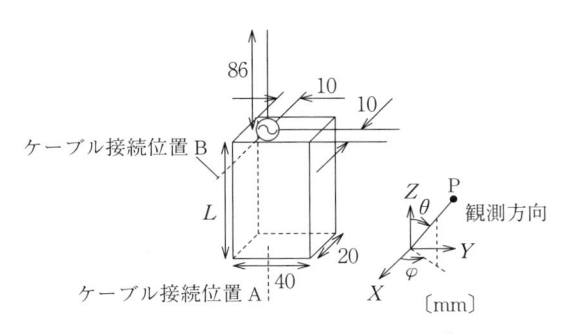

図 4.8 小型無線端末上のアンテナ[1]

78   4. 小形アンテナの測定

　移動体通信システムに用いられるダイバーシチ効果を評価するためには，アンテナの振幅だけではなく，位相パターンも高精度で測定することが必要である。また，一度に1周波しか測定できないため，広帯域なアンテナの特性を測定するためには，多大の時間を要するという問題がある。

　位相パターンの測定，および多周波の同時測定を実現する最も簡単な方法は同軸ケーブルを端末に直接接続することである。同軸ケーブルの接続位置や配置の工夫により影響を低減できる場合もあるが，多くのノウハウが必要である。

　ここでは測定用のケーブルの影響がほとんど出ない測定方法として，光ファイバを用いた測定系を紹介する[1]。ネットワークアナライザを用いた従来の測定系の途中に光ファイバを挿入した測定系では，位相パターンの測定や多周波同時測定が可能であり，かつ測定用のケーブルの影響をほとんど除去できる。はじめに放射パターンの測定系について説明する。この測定系を用いた場合には，ケーブルの影響がほとんどなく，位相パターンを含んだ放射特性が測定できる。つぎに光ファイバを用いたアンテナの入力インピーダンスを測定する系について説明する。

4.4.2　放射特性測定

　図4.9に，放射特性の測定を行うための測定系を示す。図中において，実線は同軸ケーブルを表し，点線は光ファイバを表す。シンセサイザのRF出力をLD（laser diode）を用いて，直接変調により光信号に変換し，光ファイバにて小型無線端末まで伝達する。上記光信号は，小型無線端末内部にて，電池駆動のPD（photo diode）によりRF信号に変換され，その出力で端末のアンテナを励振する。アンテナから放射された電力は受信アンテナにて受信され，シンセサイザからの参照信号と比較することにより，受信振幅・位相を検出する。回転台に載せた端末を回転させ，観測角度ごとに受信振幅・位相を測定することで，振幅パターン，位相パターンが測定可能となる。なお，LD-PD間以外の系は一般的なネットワークアナライザの測定系である。LD，PDにはモ

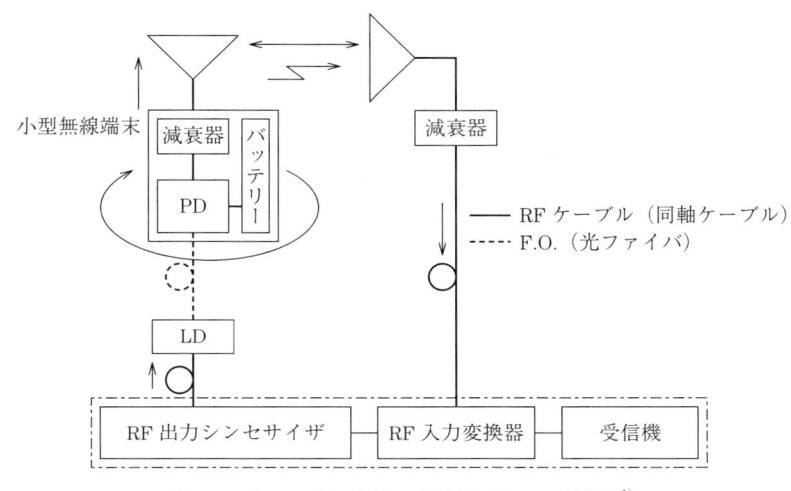

図 4.9 光ファイバを用いた放射パターン測定系[1)]

ジュール化された製品を用いており，それぞれのモジュールには光ファイバが接続されている。

この系を用いて図 4.8 に示した小型無線端末に設置されたアンテナの，振幅位相特性を測定する。比較のため，通常の同軸ケーブルを用いて測定した結果も示す。RF ケーブルの接続位置は図 4.8 の A 部，B 部のそれぞれを用いる。RF ケーブルの設置は**図 4.10** のように行う。光ファイバの接続位置は測定結果にほとんど影響しないことから，A 部のみを用いて測定している。測定結果を**図 4.11**〜**図 4.13** に示す。

図 4.11 より，RF ケーブルを A 部に接続したモデル（RF-A）ではケーブルの影響が非常に大きいことが確認できる。特に Z-X 面の振幅パターンにおいて，E_φ のピークレベルの計算値は -19 dBi であるのに対し，測定値では -1 dBi 程度であり，誤差が大きい。これはケーブルに大きな電流が誘起され，地面に対して垂直な部分から放射しているためと考えられる。また，位相パターンは E_θ，E_φ ともに大きなリップルが生じており，計算値との誤差が大きいことが確認できる。

図 4.12 に示した接続位置 B（RF-B）の場合は接続位置 A に比べるとパター

80　　4. 小形アンテナの測定

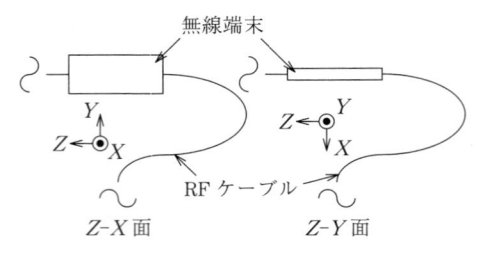

（a）RF-A モデル

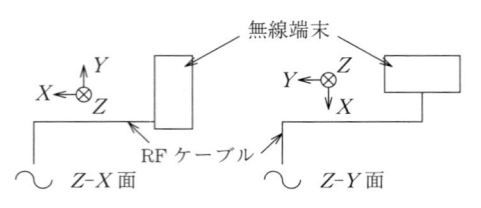

（b）RF-B モデル

図 4.10　放射特性測定に於ける RF ケーブルの設置方法

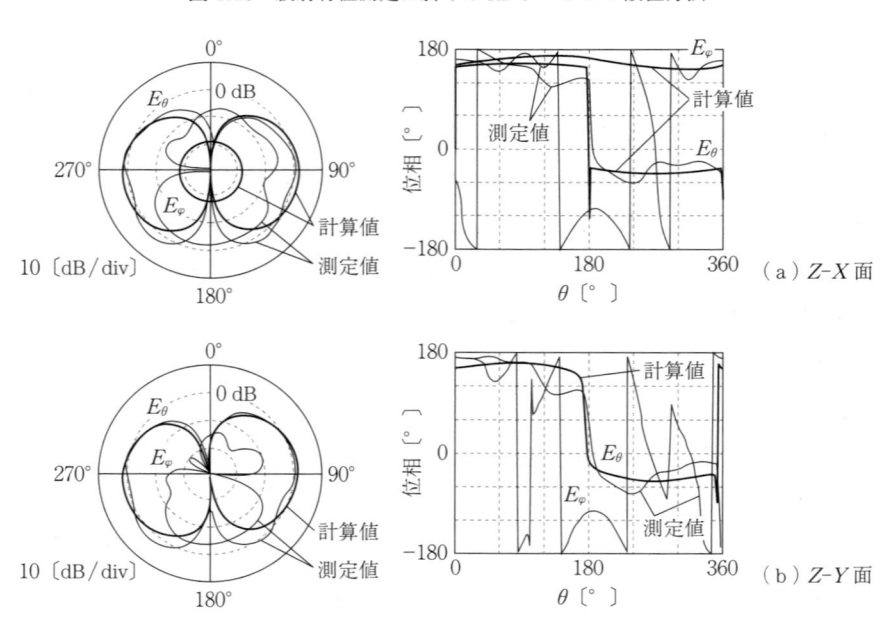

(a) Z-X 面

(b) Z-Y 面

図 4.11　放射特性の測定結果（RF-A）[1]

4.4 光ファイバを用いた測定法

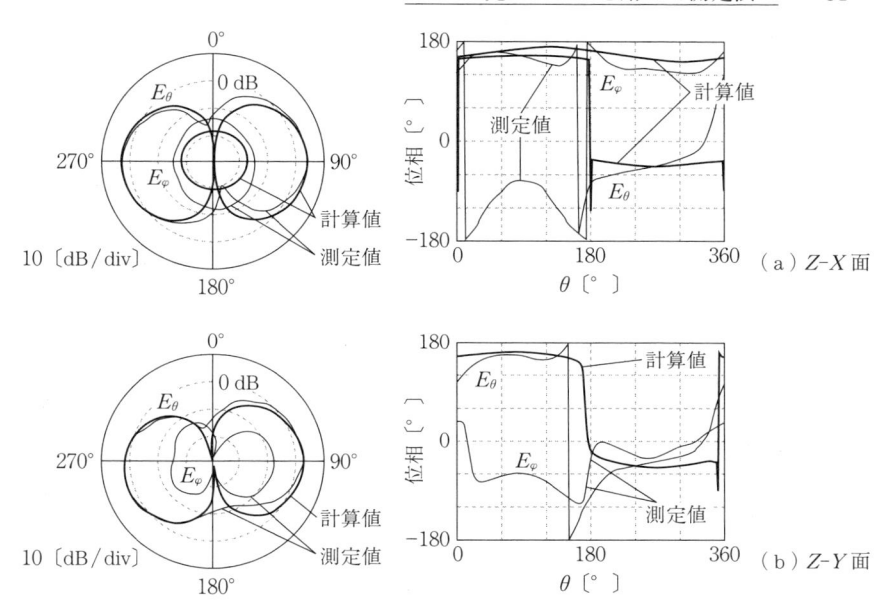

図 4.12 放射特性の測定結果（RF-B）[1]

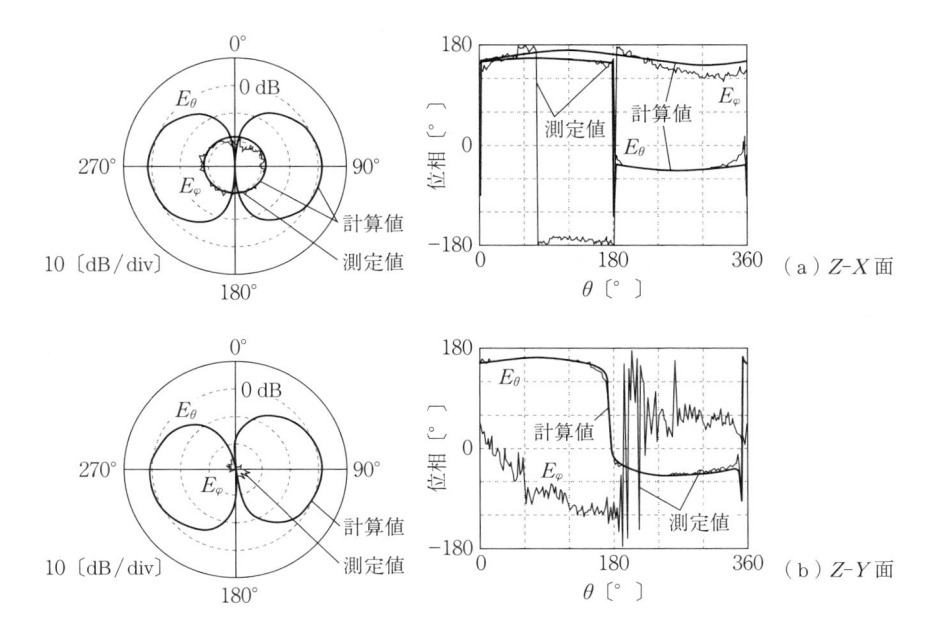

図 4.13 放射特性の測定結果（光ファイバ）[1]

ンの改善はみられるものの，十分に一致しているとはいえない．振幅パターンに関しては，Z-X 面における E_φ は $180°$ 方向で計算値が -19 dBi となるのに対し，測定値では -12 dBi となっており，7 dB 程度の誤差がある．また，E_θ のヌル点の生じる角度などが異なっている．位相パターンに関しては E_θ の Z-X 面，Z-Y 面の $180°\sim360°$ 方向，および E_φ の Z-X 面の $0°\sim180°$ 方向で誤差が大きくなっている．これに対し，図 4.13 の光ファイバを用いた測定結果では，偏波や観測面によらず計算値とよく一致しており，精度の高い測定ができていることが確認できる．

以上のことから，光ファイバを用いることで，ケーブルの影響がない高精度な測定が可能であることがわかる．また，ネットワークアナライザを用いるので，複数周波数の同時測定により広帯域特性を一度に測定できるという利点が生じる．しかしながら，本測定系の欠点は，ダイナミックレンジが取りづらいということである．

4.4.3 インピーダンス測定

図 4.9 の測定系を応用することで，インピーダンス測定が可能となる．放射パターンと同様に，インピーダンス測定においても，測定ケーブルの影響は無視できない．そのため，測定ケーブルを同軸ケーブルから光ファイバに変更することで，ケーブルの影響をなくした測定となる．

図 4.14 にインピーダンス測定を行うための測定系を示す．図中において，実線は同軸ケーブルを表し，点線は光ファイバを表す．また，#1〜#5 はネットワークアナライザやサーキュレータの各ポートを表す．サーキュレータ，および #4 に接続された LD，#5 に接続された PD，およびそれらを駆動するための電池を小型無線端末内部に納め，端末からは光ファイバのみが引き出されるようにすることで，同軸ケーブルが測定結果に与える影響をなくすことが可能である．

インピーダンス測定は，ネットワークアナライザから試供アンテナに信号を入力し，試供アンテナからの反射信号を測定し，その比を取ることにより行

4.4 光ファイバを用いた測定法　　83

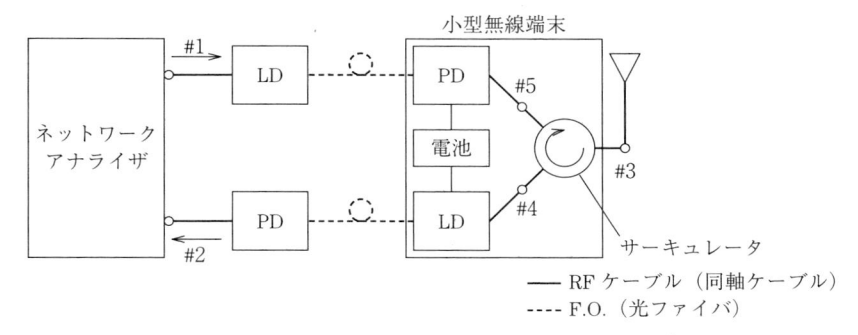

図4.14 光ファイバを用いたインピーダンス測定系[1]

う。同軸ケーブルでは入射波と反射波が同一のケーブル内を伝達するため，ネットワークアナライザと試供アンテナを接続するケーブルは1本ですむが，途中に光ファイバを挿入した場合は，試供アンテナの給電点に小型サーキュレータを挿入し，入射波と反射波を分離する必要があり，基本的に2本の光ケーブルが必要となる。これは，入射波および反射波はLDやPDを経由するが，これら変換器は逆方向に信号を伝達できないので，入射波と反射波を各独立に分離して伝達する必要があるためである。したがって，図の測定系で測定されたインピーダンスは，途中にあるLD-PDの経路やサーキュレータなどによる誤差を含んだデータとして観測される。

　この観測データは，ネットワークアナライザの校正法の代表的なものである**OSL法**により校正可能である[8]。OSL法は，アンテナを接続するポートに基準となる負荷を3種類（Open, Short, Load）かけて測定し，そのデータを用いることで前記ポートから測定器側の誤差を取り除く手法である。

　図4.8のモデルに対し，光ファイバを用いた測定系でアンテナのインピーダンスを測定する。比較のため，通常のRFケーブルを用いて測定した結果も示す。測定の精度はFDTD法によるケーブルがない場合のシミュレーション結果との差により議論する。

　同軸ケーブルの接続位置は図4.8のA部（RF-A），B部（RF-B）を用い，筐体長Lは80 mm，100 mmと変化させて影響を調べる。光ファイバの接続位

置は測定結果にほとんど影響しないことから，A部のみを用いて検討する。

図 4.15 に $L = 80\,\mathrm{mm}$，**図 4.16** に $L = 100\,\mathrm{mm}$ の結果を示す。図中のマーカは 810 MHz および 960 MHz を示している。図 4.15 より，RF ケーブルを用いた場合，ケーブル接続位置 A（RF-A）ではケーブルの影響が非常に大きく，FDTD 法の結果と大きく異なることが確認できる。ケーブルをアンテナと筐体を含めた全長の中心付近に，偏波が直交するように配置すると（接続位置 B, RF-B），その影響は大幅に低減できる。しかし前述したように，この方法を用いるためにはアンテナの特性があらかじめわかっている必要があり，直線偏波以外のアンテナや，特性が未知のアンテナを測定する場合にはこの方法を使うことができない。また，そのようなアンテナを測定する場合には，ケーブルの位置により測定結果が異なる可能性があり，測定結果の信憑性に疑問が残ることになる。

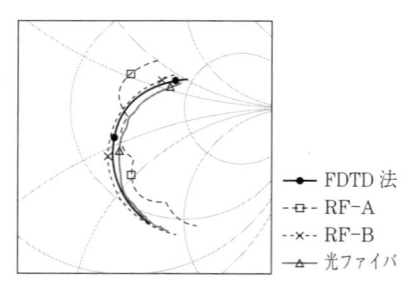

図 4.15 光ファイバおよび RF ケーブルを用いたインピーダンス測定結果 ($L = 80\,\mathrm{mm}$)[1]

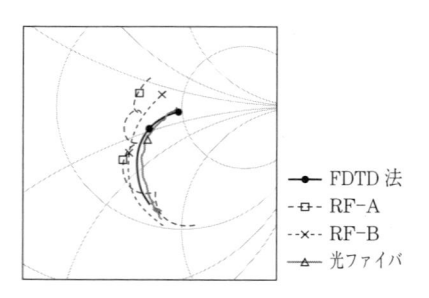

図 4.16 光ファイバおよび RF ケーブルを用いたインピーダンス測定結果 ($L = 100\,\mathrm{mm}$)[1]

これに対して，光ファイバを用いた測定では光ファイバが測定結果にほとんど影響を与えないため，測定が一意的に行えるという利点がある。また，FDTD 法の結果とほぼ一致した精度の高い結果が得られている。

図 4.16（$L = 100\,\mathrm{mm}$）では，RF ケーブルを A に接続した場合に誤差が大きいことは図 4.15 と同様である。しかし，RF ケーブルを B に接続した場合でも，図 4.15 の場合ほどは精度が高くないことが確認できる。これは筐体長が長くなり，ケーブルの接続位置 B が，アンテナと筐体を含めた全長の中心か

らずれてきたため，その部分にケーブルを接続してもケーブル上に電流が流れてしまうことが原因として考えられる．このことは，図4.8に示したような比較的単純なモデルにおいても，筐体長やアンテナ長により最適なケーブルの接続位置が異なるため，形状が変わるたびに最適なケーブル設置位置を模索する必要があることを示している．

これに対し，光ファイバを用いた場合は，$L = 100$ mm の場合でも FDTD 法の結果と一致しており，測定モデルによらず精度よく測定できていることが確認できる．

なお光ファイバを用いたインピーダンス測定系の問題点は，第一に端末に搭載する器材が大きいことが挙げられる．ここでは 800 MHz 帯での検討が行われているが，10 GHz まで適用可能な LD, PD モジュールはすでに市販されているため，10 GHz までなら本手法を適用可能である．また，40 GHz 程度のものも開発段階にあり，近い将来には，より高い周波数まで適用可能になると予想される．

4.5 放射効率の測定法

小形アンテナや携帯端末上のアンテナの効率を評価することは重要である．**放射効率**の代表的な測定法には，**パターン積分法**，**Wheeler cap 法**，**Q ファクタ法**および**ランダムフィールド法**がある．ここでは，小形アンテナの放射効率の基本的な測定法について概説する．

4.5.1 パターン積分法[9), 10), 11)]

この方法では，アンテナから放射される遠方界での電力密度を受信アンテナで測定し，全立体角で積分することにより全放射電力をもとめて，これと入射電力との比をとることにより放射効率を求める．**図 4.17** がその測定系の例である．この測定では 0.5 dB 程度の精度での測定が可能であるが，被測定アンテナ（antenna under test, AUT）系と受信プローブとの距離を十分に離して

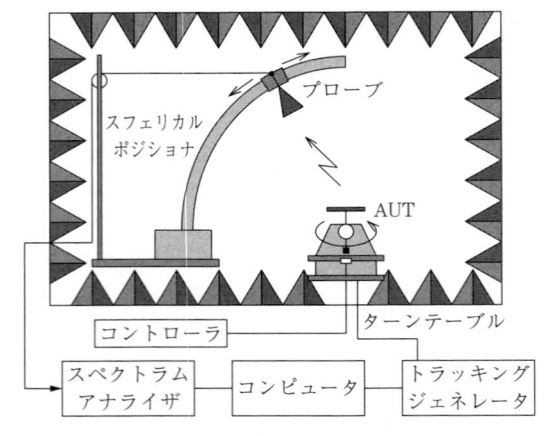

図 4.17 パターン積分法の測定系

遠方界になる球面上で測定すること，アンテナ系の中心が走査球面の中心にくるようにすることがポイントである．以下にこの場合の効率の式を示す．AUTに入力される全電力 P_t は

$$P_t = \left(1 - |\Gamma_t|^2\right) P_{aw} \tag{4.1}$$

である．ここで Γ_t は AUT の反射係数，P_{aw} は AUT に入力される有能電力である．一方，距離 R の球面上における電力密度の各成分を $P_i(i=\theta, \varphi)$ とし，これを利得 G_r，反射係数 Γ_r の直線偏波の受信アンテナで受信した場合の受信電力の各成分を W_i とすると

$$W_i = P_i \left(1 - |\Gamma_r|^2\right) \frac{\lambda^2 G_r}{4\pi} \tag{4.2}$$

で与えられる．一方，AUT から放射される全電力 P_{rad} は

$$P_{rad} = R^2 \int \left(P_\theta + P_\phi\right) d\Omega$$

$$= \frac{R^2 4\pi}{\lambda^2 G_r \left(1 - |\Gamma_r|^2\right)} \int \left(W_\theta(\theta, \phi) + W_\phi(\theta, \phi)\right) d\Omega \tag{4.3}$$

で与えられるので，放射効率 η は次式となる．

$$\eta = \frac{P_{rad}}{P_t} = \frac{R^2 4\pi}{\lambda^2 G_r \left(1-|\Gamma_r|^2\right)\left(1-|\Gamma_t|^2\right) P_{aw}} \int \left(W_\theta(\theta,\phi) + W_\phi(\theta,\phi)\right) d\Omega$$

(4.4)

4.5.2　Wheeler cap 法[12]

前節のパターン積分法を用いた測定では，電波暗室の中で，アンテナを見込む全立体角にわたり放射電力を測定する必要があり，不平衡電流によるアンテナ給電線の不要放射，アンテナ設置治具などの影響を受けやすい。これに対して，Wheeler cap 法は，アンテナを放射抑制のための適切な大きさの金属シールドで覆ったときと覆わないときの入力インピーダンスを，ネットワークアナライザなどで測定する方法であり，簡易かつ安価かつ精度良く放射効率が測定できる方法として知られている。しかしながら，給電線の影響を排除するようなグランド板を用いる構造となるため，その適用範囲はグランド板の下から給電する構造のアンテナに限定される。

2章で電気的小形アンテナを定義する際，アンテナ中心から半径 $\lambda/2\pi$ のラジアン球内においては，蓄積界が支配的であり，放射界は球内にはほとんど存在しないと考えられると述べた。そこで，図 4.18 のキャップを用いた放射効率測定に示すように，被測定アンテナを半径 r の金属導体のキャップで覆うと，蓄積界の分布にはほとんど影響を与えず（すなわち，アンテナ上の電流分布を変化させず），放射を抑制できる。このキャップを，提案者の名にちなん

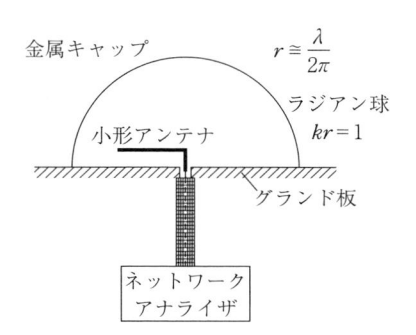

図 4.18　Wheeler cap 法

で Wheeler cap といい，測定法を Wheeler cap 法という。キャップで覆わないときのアンテナへの入力電力を P_{in} とすれば，キャップで覆ったときのアンテナ入力電力 P_l は放射が抑制されることを考慮に入れ，$P_l = P_{in} - P_r$ となる。ここで，P_r はアンテナからの放射電力とする。

いま，アンテナが直列共振回路で表現され，その入力抵抗 R_{in} が，放射抵抗 R_r と損失抵抗 R_l の和の形で表現できるならば，放射効率は

$$\eta = \frac{P_r}{P_t} = 1 - \frac{P_l}{P_{in}} = \frac{R_r |I|^2}{(R_r + R_l)|I|^2} = 1 - \frac{R_l}{R_{in}} \tag{4.5}$$

と与えられる。ここで I〔A〕は回路に流れる電流とする。このように，放射効率は，アンテナを覆ったときと覆わないときの入力抵抗 $R_{cap} = R_l$ と R_{in} より算出できる。

アンテナが並列共振回路で表現される場合も，コンダクタンスとして同様に考えていけばよいが，アンテナの共振状態を区別することなく放射効率を測定するためには，アンテナの入力ポートにおける反射係数の大きさに着目すればよい[13]。いま給電線路が無損失であるとする。アンテナに供給される電力 P_0 のうち，$P_{in} = P_r + P_l$ が，アンテナにおいて放射および損失として消費される電力となる。

$$P_{in} = P_r + P_l = P_0(1 - |\Gamma_{in}|^2) \tag{4.6}$$

ここで，アンテナをキャップで覆わないときの反射係数を Γ_{in} とする。アンテナをキャップで覆うと，放射電力は $P_r = 0$ となるので，損失電力は

$$P_l = P_0(1 - |\Gamma_{cap}|^2) \tag{4.7}$$

と与えられる。ここで，アンテナをキャップで覆ったときの反射係数を Γ_{cap} とする。以上から，放射効率は

$$\eta = 1 - \frac{P_l}{P_{in}} = 1 - \frac{1 - |\Gamma_{cap}|^2}{1 - |\Gamma_{in}|^2} = \frac{|\Gamma_{in}|^2 - |\Gamma_{cap}|^2}{1 - |\Gamma_{in}|^2} \tag{4.8}$$

と与えられる。

アンテナを覆うキャップの形状は球状である必要はない。製作が簡易であるなどの理由により，直方体状のキャップが用いられるのが一般的である。

キャップの大きさはラジアン球と同程度の容積があればよいとされているが，キャップがキャビティ共振を起こす共振周波数の近くを除けば，この規準を満足しなくても放射効率を算出することができる[14]。キャップが共振する場合は，シールドの損失抵抗が，算出される放射効率に大きく寄与するため，算出される放射効率は実際の値よりも極めて小さく，もしくは，負となってしまうことが知られている[15]。また，共振周波数以外では，シールドの損失抵抗は放射効率にほとんど影響を与えないため，シールドの材料は良導体の金属であれば構わない。

4.5.3 Qファクタ法[16]

損失を有する実際のアンテナのQ値を測定し，また，対応する無損失のアンテナのQ値を計算で求め，両者のQ値を比較することにより，放射効率ηを求める方法である。実際のアンテナと無損失アンテナのQ値をそれぞれQ_RとQ_Lとすると

$$Q_R = \frac{\omega_0 P_s}{P_{Rt} + P_L} \tag{4.9}$$

$$Q_L = \frac{\omega_0 P_s}{P_R} \tag{4.10}$$

となる。ここで，$\omega_0 = 2\pi f_0$であり，P_s，P_RおよびP_Lは，それぞれ，蓄積電力，放射電力および損失電力を表す。

したがって，放射効率ηは

$$\eta = \frac{Q_R}{Q_L} \tag{4.11}$$

から求められる。無損失アンテナの入力インピーダンスを計算して**図4.19**より，$P_s = |I|^2 X$，$P_R = |I|^2 R_r$であるので，式(4.10)を用いてQ_Lを求める。一方，実際のアンテナにおいては，測定により比帯域を求め，1章の式(1.99)か式(1.100)を用いてQ_Rを求める。この測定法は，無損失アンテナのQ値を理論計算において求めることが，特に複雑な形状を有する場合は難しくなると

(a) 理想（無損失）アンテナ　　（b）実アンテナ

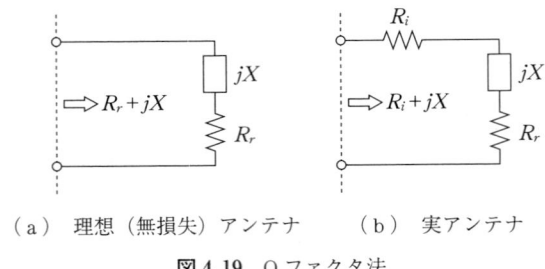

図 4.19　Qファクタ法

いう特徴を持っている。しかしながら最近の電磁界シミュレータの発展によって，この理論計算が可能になってきている。

4.5.4　ランダムフィールド法

アンテナを含む全空間にわたる放射電力の測定を統計的な考え方を導入して行い，より簡易に放射効率を求める方法である。

ランダムフィールド法の原理を図 4.20 に示す。図のようにアンテナから任意の方向で一定距離離れた場所に，波長と比べて小さな散乱体を置き，入射した電波を散乱させると，統計的には無指向性パターンに近くなると考えられている。多数の散乱体をアンテナの周囲に配置し，アンテナから全空間に放射された電波を散乱させると，受信アンテナには，振幅が入力電界に比例し，位相がランダムである散乱波の合成波が受信される。小形アンテナの場合には，強い指向性は持たず振幅は一様であるとみなせるので，受信波の確率分布はレーリー分布となる。

受信レベルは確率事象であるので，受信アンテナをある空間で回転させ，統計データを収集する。このように受信した散乱電力は，アンテナから全空間に放射された全電力に強い相関を持っているので，放射効率が求められている基準アンテナ（例えば，半波長ダイポールアンテナ）と供試アンテナに対して，上記の散乱体がある環境で測定を行い，基準アンテナとの差を用いて供試アンテナの放射効率を決定する（図 4.21）。この方法では，測定環境のランダム性を確保することが極めて重要である。

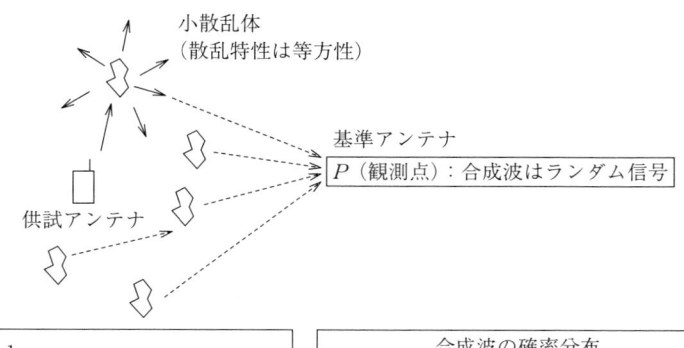

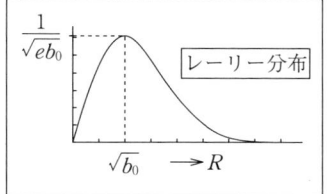

図 4.20　ランダムフィールド法の原理

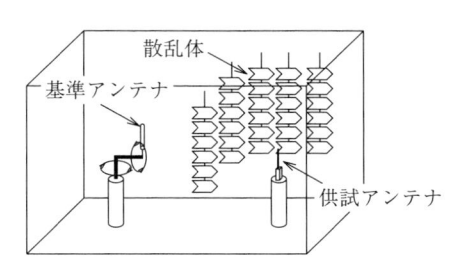

図 4.21　ランダムフィールド法

4.6　複素アンテナパターンの測定法

　携帯端末のアンテナのスマート化に伴って，全方位のアンテナパターンの振幅だけではなく，位相も重要な情報となっている．そのために，携帯機と人体を含む系の全方位の複素アンテナパターンを測定することが必要となる．この場合には，球面走査型近傍界測定法[16]が有効となる．この方法と，放射効率の測定でのパターン積分法は異なり，パターン積分法では位相は使わない．ま

たパターン積分法では放射界を測定しているために，被測定アンテナとプローブの距離を十分に離す必要があり，測定領域が大きくなるという欠点がある。しかしながら，パターン積分法の装置で振幅・位相測定をすれば，近傍界測定法とまったく同じ式で複素アンテナパターンが求められる。

図 4.22 は，最も簡易な球面走査型近傍界測定法[16]の構成である。人体と携帯端末を搭載した台は経度方向に回転し，プローブとなるアンテナが取り付けられた回転アームは緯度方向に回転することにより，回転球面上の電界の接線成分が測定される。この測定データからベクトル球関数の係数を計算し，ベクトル球関数の無限遠方での関数に，測定で決定した係数を掛けた関数の総和をとることにより，無限遠方で位相情報を含む電界分布が決定される。

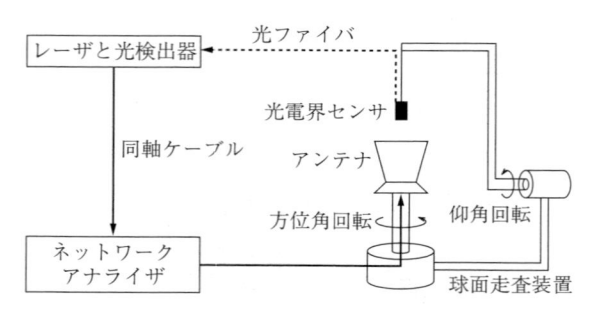

図 4.22 球面走査型近傍界装置による測定系

従来の球面走査型近傍界測定装置は，プローブが大きいために装置全体が大型化していたが，最近では装置全体を小型化できる，光電界センサを利用した球面走査装置による球面走査型近傍界測法が提案されている[17]。光電界センサは広帯域な特性を有しているために，一つのプローブで約 10 GHz 以下の周波数での測定が可能である。球面走査型近傍界法で求めた複素放射パターンの位相中心は，測定データを取得した球面の中心であるが，任意の位置に位相中心を移動可能である。しかしながらベクトル球関数の係数を変換することが必要である。

5 携帯端末用小形アンテナの設計事例

　小形アンテナの設計事例として，携帯端末用平衡給電型アンテナを取り上げ，そのアンテナの発展プロセスを紹介する。このアンテナは，基本的に折返しダイポールを折り曲げたコンパクトな構造となっている。小形アンテナの分類としては，形状による電気的小形アンテナ，または寸法制約付アンテナに対応する。また，後に述べるが，このアンテナは自己平衡作用を有するため，機能的小形アンテナともいえる。また，小形アンテナの解析には電磁界シミュレータの利用が有効であることを示し，その取扱いにおける注意点などを取り上げる。最後に，平衡給電型アンテナと，携帯端末用アンテナとして代表的な板状逆Fアンテナとを比較検討する。

5.1 設 計 概 念

　携帯端末用アンテナは，携帯端末筐体と一体となったアンテナ系として考えられる。通話時においては，携帯端末を最も身体に接近して使用するため，その特性は周囲環境に大きく影響される。携帯端末の利用者が体に近接させて使用した場合，人体は，アンテナからみると非常に大きな容積を有する損失性媒質体として考えられるので，アンテナに大きな影響を与える。具体的には，人体の存在によりアンテナからの放射パターンが大きく変化したり[1]，アンテナ自体の入力インピーダンスが変化し，回路との不整合損失を生じる[2]などの問題が生ずる。また最近注目されている点として，携帯端末から放射された電磁波が近傍の人体に与える影響の問題もある[3]。

　このような観点から，携帯端末用アンテナ系の設計には，つぎの点が考慮さ

れなければならない[4]。

・小形化されたアンテナの性能の維持,または向上
・近接した人体の影響による,アンテナの特性劣化の低減
・人間の頭部への,アンテナ放射による影響の低減
・多重波中での特性劣化の低減

　以上の条件を満足するアンテナ系を開発するためには,従来から用いてきた設計概念に加え,新たな設計概念を取り入れる必要がある。携帯端末用アンテナ系を設計するうえで考慮される基本的な条件として,以下の項目が挙げられる。

（1）　小形であること
（2）　軽量であること
（3）　低姿勢または内蔵型であること
（4）　人体の影響によるアンテナの特性劣化を低減できること
（5）　人間の頭部へのSAR（specific absorption rate, 比吸収率）値を低減すること

　（1）～（3）の条件は,従来から考えられており,多くのアンテナに用いられている。ここでは,最近のアンテナ系に要求される条件として,新たに（4）と（5）を加えた。

　（1）～（3）の条件を満たすアンテナとしては,アンテナを設置するグランド板に平行に磁流が存在すると仮定できる放射素子が有効である。**図5.1**に示すように,小ループ状の構造を有するアンテナ素子は,その垂直面に磁流があると仮定できる。このようなアンテナをグランド板に近接して設置すると,その磁流は,グランド板を挟んで裏側に,表側と対称な電気的イメージを形成し,二つの磁流ダイポールとみなすことができる[5]。このイメージにより,グランド板上方での電界強度は2倍になる。すなわち,放射素子に磁流を用いることで,アンテナ素子の小形・軽量化および低姿勢・内蔵化が可能になると考えられる。

　現在の携帯電話などに用いられるほとんどの携帯端末用アンテナは,小型の

5.1 設計概念

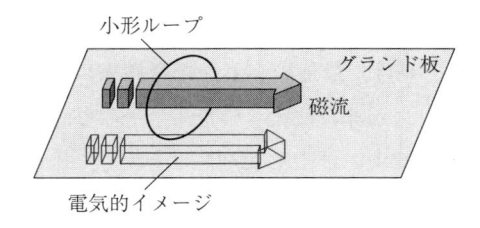

図 5.1 小形ループアンテナと磁流

金属筐体上に設置されているため，アンテナ上の電流が筐体側に流れる。多くの携帯端末用アンテナは，この筐体に流れる電流（以下筐体電流と称する）を誘起するような不平衡給電型のものであり，筐体自体をアンテナの一部として動作させて性能の向上を図ったものである[6]。特にアンテナ素子が小形になるほど，利得もしくは帯域特性などのアンテナ性能を維持，または改善するのが困難であるため，携帯端末筐体のアンテナとしての役割は増大する。

従来から（1）～（3）の条件を満たすアンテナとして，板状逆Fアンテナがあり[7),8)]，現在多くの携帯端末に用いられている。しかしながら，実際の使用時において，利得の極端な低下がしばしば観測されることがある。これは，携帯端末に使用されているシールド板などのグランド板上に，板状逆Fアンテナに励振されることによって生じる筐体電流が，人体の影響により変化するためと考えられる[9]。この筐体電流はもともと，アンテナの放射特性の向上に寄与すると考えられたが，使用者が携帯端末を実際に手に持つ，頭部に近づけるなどといった人体の影響により筐体電流に変化が生じ，特性劣化をもたらすことが多い。このようなことは，板状逆Fアンテナの場合のみならず，不平衡給電型の他の小形・内蔵型アンテナを用いても同様に考えられる。

現在，携帯端末に使用されているアンテナの多くは，筐体電流が誘起される不平衡給電型であるが，このようなグランド板上の電流は，先ほど述べたとおり使用者の手や頭の影響によって変化するため，アンテナ性能の変化や劣化につながり，実用上望ましくない。したがって，アンテナ性能の低下を防ぐには，グランド板上の電流を減少させることが考えられる。

携帯端末の筐体としてモデル化された直方導体に取り付けられた，半波長モ

ノポールアンテナは，筐体にほとんど電流が流れないことが報告されている[6]。しかしながら，半波長のモノポールは，最近の小形な携帯端末に対して長く，端末接続点での給電インピーダンスが非常に大きいため，その整合をとるのが難しい。そこで，近年の小型携帯端末では，整合がとりやすく，筐体電流も少ない3/8または5/8波長モノポールアンテナを用いている。参考文献6)の研究では，これらのアンテナは従来のPDC (personal digital cellular) 方式携帯端末用アンテナの設計概念に大きく寄与した。しかし，モノポールアンテナでは，上記の(1)～(3)および(5)の条件を満たすことは難しい。

また，携帯端末用アンテナ系の設計上，その使用がつねに移動する環境で行われるということを考慮しなければならない。基地局から携帯端末への送信電波は，携帯端末周辺の建物や地物によって反射，散乱，回折し，多重波伝搬となる。このような状況下で，携帯端末が移動しながら電波を受信したとき，受信レベルが急激に落ち込むマルチパスフェージングが生じ，アンテナの特性劣化の原因となる。移動通信の電波環境においては，到来波が直接波，直接波に反射波や回折波などを含む多重波，あるいは直接波のない多重波などのいろいろな場合が生じ，したがって，このようなマルチパスフェージングの影響を軽減する放射パターンの形成を行う必要がある。

これまで，携帯端末用アンテナの設計概念を満足するアンテナ系として，平衡給電型アンテナが報告されている。次節では，小形アンテナの設計事例として，これらのアンテナを示し，その特性について述べる。

5.2 平衡給電型折返しループアンテナ

5.2.1 平衡給電型アンテナ

平衡給電型アンテナとして，ヘリカルダイポールアンテナおよび方形ループアンテナがあり，アンテナ素子によってグランド板上に誘起された筐体電流が著しく減少し，人体による影響が低減する[10], [11]。また，マルチパスフェージングの改善に有効な水平・垂直両偏波成分を有するL字型ループアンテナに

おいても，同様の結果が得られる[12),13)]。しかしながら，**図5.2**に示すように，方形ループアンテナの Type A（ループ面が x 軸に平行），Type B（ループ面が y 軸に平行）および L 字型ループの場合，リアクタンスが非常に高く，ヘリカルダイポールの場合抵抗が小さくなっているなど，不整合損による反射損失が大きく，アンテナだけでインピーダンス整合をとることは難しい（**表 5.1**）。したがって，別の整合回路を設けるなど，インピーダンス特性の改善には複雑な工夫が必要となる。また，アンテナ系を平衡給電するために用いたバランの影響により，帯域幅に制限が生じる。

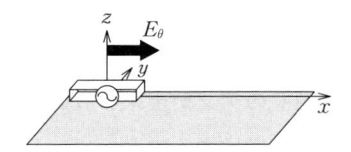

（a）方形ループアンテナ（Type A）

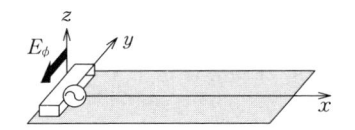

（b）方形ループアンテナ（Type B）

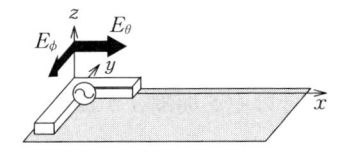

（c）L字型ループアンテナ

図 5.2 平衡給電型アンテナ

表 5.1 平衡給電型アンテナの入力インピーダンス（1.86 GHz）

	入力インピーダンス〔Ω〕
方形ループ Type A	$74.31 + j1393$
方形ループ Type B	$119.7 + j1494$
ヘリカルダイポール	$0.934 + j80.47$
L字型ループ	$32.81 + j997.5$

98   5. 携帯端末用小形アンテナの設計事例

そこで本節では，このような問題を解決するために提案した折返しループアンテナのアンテナ特性について，その理論的および実験的な解析結果を示す。また，折返しループアンテナを人体モデルおよび手部モデルの近傍に置いた場合の特性変化についても示す。

本節で取り上げる折返しループは，基本的には折返しダイポールアンテナである[5), 14), 15), 16)]。折返しダイポールアンテナは，2本の導線の半径および中心間隔が波長に比べて十分小さいアンテナであり，2本の導線の半径が等しい場合には，同じ長さを持つ半波長ダイポールに比べ，4倍の入力インピーダンスを持つ。また，半径が異なる2本の導線を用いることにより，そのインピーダンス変換比を変えることができる。したがって，このようなアンテナを普通の線状アンテナ素子の代わりに使用すると，そのアンテナ系の放射特性を変えることなく，入力インピーダンスだけを適当に変換することができる。折返しダイポールアンテナのインピーダンス変化比を変える場合のステップアップ比については，次節で説明する。半波長折返しループアンテナは，同軸ケーブルによる不平衡給電を行っても同軸ケーブルの外側導体に不平衡電流が漏洩しない，自己平衡作用を有している[15)]。

5.2.2 折返しダイポールアンテナのステップアップ比

図 5.3（a）に，線幅の異なる折返しダイポールアンテナの構造を示す。このように2本の導線の半径 r_1, r_2 およびその中心間隔 d が波長に比べて十分短いアンテナを，折返しダイポールアンテナという。給電側の線を1次線，他方の線を2次線とし，1次線の半径を r_1，2次線の半径を r_2 とする。1次線の中央より給電するものとし，その給電電圧を E とする。折返しダイポールアンテナは，給電点に対して左右対称であり，図（b）に示すアンテナモードと図（c）に示す伝送線路モードに分けて考えられる[15), 16), 17), 18)]。

アンテナモードは放射に寄与する系で，その中央給電インピーダンスは，等価半径 r_0 を有するダイポールアンテナの入力インピーダンスであり，次式で表される。

5.2 平衡給電型折返しループアンテナ

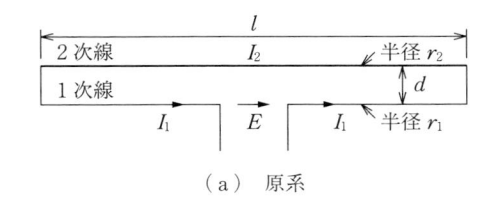

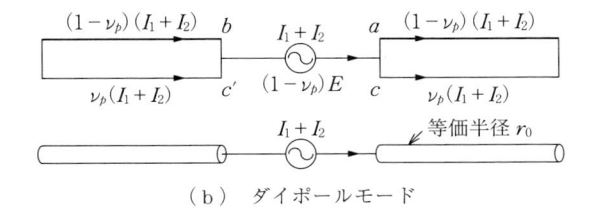

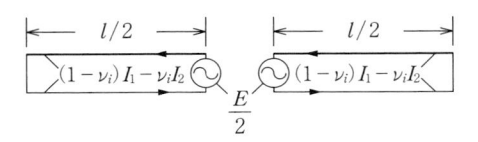

(a) 原系

(b) ダイポールモード

(c) 伝送線路モード

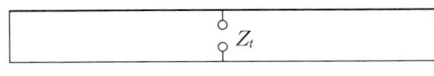

(d) 等価合成インピーダンス

図5.3 折返しダイポールアンテナ

$$(1-\nu_p)E = (I_1 + I_2)Z_d \tag{5.1}$$

ここで，ν_p は1次線の電圧配分率を示し，次式で表される。両線の太さが等しければ，$\nu_p = 1/2$ である。

$$\nu_p = \frac{1}{2} \frac{\log \dfrac{d}{r_1}}{\log \dfrac{d}{\sqrt{r_1 r_2}}} \tag{5.2}$$

伝送線路モードにおいては

$$\frac{E}{2} = \left\{(1-\nu_i)I_1 - \nu_i I_2\right\} \cdot 2Z_t \tag{5.3}$$

Z_t は両端を短絡した線路の線路中央からみたインピーダンスであり，ν_i は1次線に流れる電流 I_1 と両線を流れる全電流 $I_1 + I_2$ との比として，1次線に対す

る電流配分率を表し，次式で表される．両線の太さが等しければ $\nu_i = 1/2$ である．

$$\nu_i = \frac{1}{2} \frac{\log \dfrac{d}{r_2}}{\log \dfrac{d}{\sqrt{r_1 r_2}}} \tag{5.4}$$

式 (5.2) と式 (5.4) より

$$\nu_p + \nu_i = 1 \tag{5.5}$$

となり，この関係は導線の断面の形にかかわらず成り立つ．式 (5.1)，(5.3)，(5.5) より

$$I_1 = E\left(\frac{\nu_i^2}{Z_d} + \frac{1}{4Z_t}\right) \tag{5.6}$$

$$I_2 = E\left\{\frac{(1-\nu_i)\nu_i}{Z_d} - \frac{1}{4Z_t}\right\} \tag{5.7}$$

入力インピーダンス Z_{in} は $Z_{in} = E/I_1$ であるから

$$Z_{in} = \frac{4Z_d Z_t}{4Z_t \nu_i^2 + Z_d} \tag{5.8}$$

である．折返しダイポールアンテナの長さが半波長のときは，$Z_t = \infty$ となるので，そのときは

$$Z_{in} = \frac{Z_d}{\nu_i^2} \tag{5.9}$$

となる．両線の太さが等しい場合は，式 (5.8) と式 (5.9) はそれぞれ

$$Z_{in} = \frac{4Z_d Z_t}{Z_d + Z_t} \tag{5.10}$$

$$Z_{in} = 4Z_d \quad (Z_t = \infty) \tag{5.11}$$

となり，$Z_t = \infty$ のときの電流 I_1 と I_2 は，つぎのようになる．

$$I_1 = I_2 = \frac{E}{4Z_d} \tag{5.12}$$

式 (5.9) の $1/\nu_i^2$ は**ステップアップ比**と呼ばれ，両線の太さが等しい場合は4であり，1次線に比して2次線を太くすれば，4より大きくなる．

5.2.3 折返しダイポールアンテナの自己平衡作用

一般の無線回路は不平衡型で構成されている。このため，平衡系のアンテナとの接合には，平衡・不平衡変換器（バラン）などが必要になる。そのため，バランの影響により帯域幅に制限が生じる。一方，折返しダイポールアンテナは，その長さが半波長の場合には，同軸給電線に直結して使用しても不平衡電流が流れにくいという特徴を有する。すなわち，アンテナ自身が平衡作用（**自己平衡作用**）を持つ。

自己平衡作用を説明するために，**図 5.4** のような，半波長の折返しダイポールアンテナに同軸ケーブルを直結した場合を考える。図において ab 間の電圧，すなわちアンテナの給電電圧を E とし，給電点部分の電流が図のように分布するものとする。I_1-I_2 が外部導体表面への漏洩電流である。図 5.4 を図式的に書き換えて，**図 5.5**（a）のように表すことができる。アンテナ系は中心線 bc に関して左右対称であるから，対称部分の電圧，電流を二つの対称分に分けると，図（b）の伝送線路モードと図（c）のアンテナモードとなる。伝送線路モードは，折返しダイポールアンテナの両半分に反対方向の等しい電流が流れ，給電線の外部導体表面に漏洩電流を生ずる系である。アンテナモードはアンテナの両半分が平衡したアンテナとしての系で，給電線はその中立的な面上にあるので，その外部導体表面上には電流は誘起されない。すなわち給電線はその中立的な部分はないものと考えてよい。

図（b）と図（c）は，それぞれ図（b′）と図（c′）のように書き換えられる。伝送線路モードにおいて (ab′)b 端子より測ったインピーダンス Z_a を，ここで

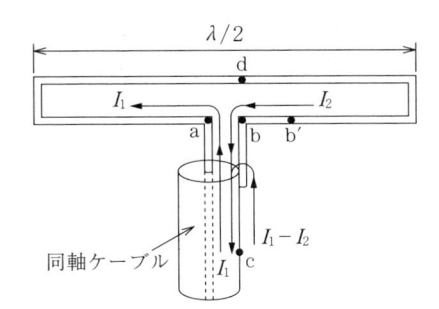

図 5.4 折返しダイポールアンテナと同軸ケーブルを直結した場合の給電部の電流

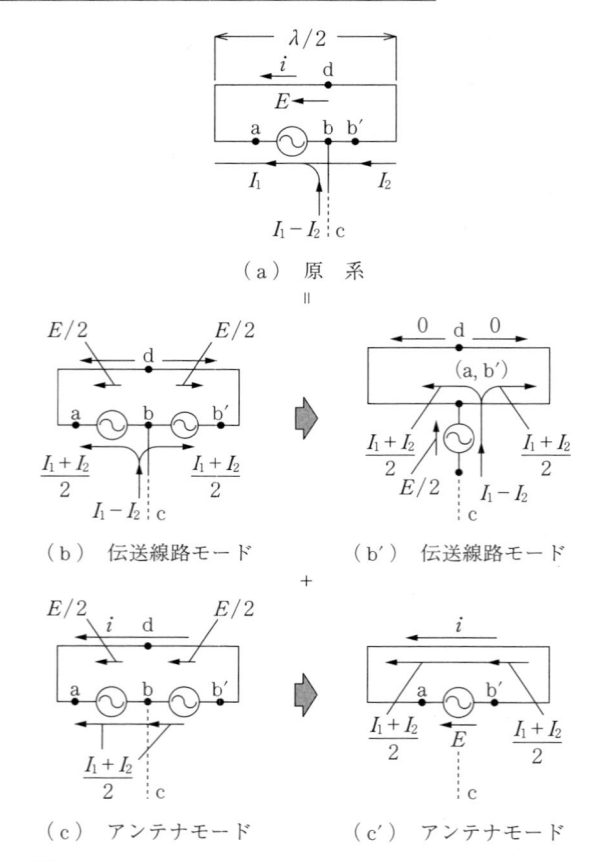

102   5. 携帯端末用小形アンテナの設計事例

図5.5 同軸ケーブルによって給電される半波長折返しダイポールアンテナの給電部における電圧,電流分布とその対称系

は伝送線路モード系インピーダンスとし,アンテナモードにおいては,ab端子より測ったインピーダンス Z_b(ダイポールアンテナの中央給電インピーダンス)を,アンテナモード系インピーダンスとする。各対称系の給電部における電圧,電流の関係は

$$伝送線路モード: \frac{E}{2} = (I_1 - I_2) Z_a \tag{5.13}$$

$$アンテナモード: E = \frac{(I_1 + I_2) Z_b}{2} \tag{5.14}$$

上式より

$$I_1 - I_2 = \frac{E}{2Z_a} \tag{5.15}$$

$$I_1 + I_2 = \frac{2E}{Z_b} \tag{5.16}$$

である。伝送線路モード系インピーダンス Z_a は，短絡した長さ$1/4$波長の伝送線路のインピーダンスとなるため，無限大になる。したがって，式 (5.13) より

$$\frac{I_1 - I_2}{2} = 0 \quad \text{すなわち} \quad I_1 = I_2 = I \tag{5.17}$$

である。一方アンテナモード系においては，式 (5.11) の関係を用いて

$$i = \frac{I_1 + I_2}{2} \tag{5.18}$$

となる。放射に寄与するのはアンテナモードだけであり，外部導体の表面上に流れる電流を考慮した伝送線路モードにおいては，折返しダイポールアンテナの長さが半波長のときは $I_1 - I_2 = 0$ となるので，外部導体表面上の電流は流れない。したがってバランを必要とせずに同軸ケーブルを直結することができる。

5.2.4 折返しループアンテナの構造

図 5.6 に，折返しループ素子の構造を示す。アンテナ素子は，幅 $0.5\,\mathrm{mm}$ の

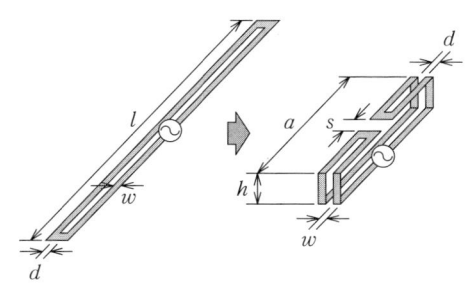

$\lambda = 161.3\,\mathrm{mm}$, $l = 0.44\lambda$, $d = 0.006\lambda$, $w = 0.003\lambda$, $a = 0.225\lambda$, $h = 0.056\lambda$, $s = 0.006\lambda$

図 5.6 折返しループ素子

ストリップを用いており，周囲長が約1波長で非常に狭い（$d \ll \lambda$）間隔を有する構造となっている．折返しループの長さは約$1/2\lambda$である．ここで提案するアンテナ素子は，この半波長折返しダイポールを，給電点から左右1/8波長になる部分で垂直に折り曲げ，小形化を図ったアンテナである．アンテナの動作周波数は1.86 GHzとしており，1波長は約161.3 mmである．

携帯端末をイメージした解析には，**図5.7**（a）に示すように，アンテナ素子を，携帯端末のシールド板に相当する有限グランド板に近接して（アンテナ素子とグランド板との間隔は1 mm）配置する．アンテナ素子およびグランド板の銅板（$\sigma = 5.8 \times 10^7$ S/m）の厚さは，それぞれ0.2 mm，0.5 mmである．座標系は，グランド板の長辺軸沿いにx軸，短辺軸沿いにy軸，垂直方向にz軸を設定している．

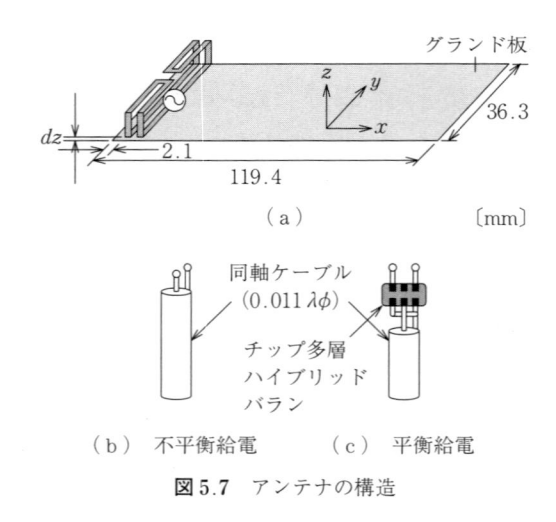

(a)

(b) 不平衡給電 (c) 平衡給電

図5.7 アンテナの構造

解析においては，折返しループアンテナが自己平衡作用を有し，不平衡給電を行っても平衡給電の場合と同様の特性を持つことを確認するため，同軸ケーブルによる不平衡給電（図（b））と，平行2線による平衡給電（図（c））の，2通りを用いる．給電はアンテナ素子の中央下部から行う．実験では直径0.011λの同軸ケーブルを用い，平衡給電の場合は，[50 Ω：50 Ω]変換のチッ

プ多層ハイブリッドバランを使用した。

5.2.5 電磁界シミュレータによる解析

近年，パソコンおよびワークステーションの急速な能力向上とともに，アンテナおよび電磁界問題に対する数値解析シミュレータ（以下，「電磁界シミュレータ」と呼ぶ）が，多く普及している。しかしながら，どの電磁界シミュレータもそれ自体完全ではなく，アンテナ解析に関する十分な知識や，実際の使用を通じて得られる経験的なノウハウを必要とする場合が多い。

ここでは解析において，モーメント法（MoM）[14),19),20),21)]，FDTD法[22),23),24),25)]，有限要素法（FEM）[26)]，および有限積分法（FIM）をベースにした電磁界シミュレータを用いた。以下に電磁界シミュレータの解析設定を，特に給電部の取扱いを中心に述べる。

モーメント法を用いた電磁界シミュレータでは，解析のモデルの自動分割を行うための基準となる周波数を 3 GHz とした。この周波数設定は，アンテナ特性の周波数特性を考慮して行う。セルの分割数は，経験的に 1 波長当たり 20 を採用した。解析モデルの総セル数は，不平衡給電と平衡給電において，それぞれ 509，458 である。給電モデルは，平衡給電および不平衡給電ともに，水平方向給電（ギャップ給電）を採用した。不平衡給電として，給電点と導体板の間に短絡ワイヤを設け，アンテナとグランド板を接続し，不平衡給電を等価的に表現している。

FDTD 法を用いた電磁界シミュレータでは，0.5 mm から 4 mm の不均一メッシュで分割を行っている。解析モデルの総セル数は，不平衡給電，平衡給電ともに 49，140 である。吸収境界条件としては，"Perfect Matching Layer" と呼ばれる PML を用いた。給電方法としては，不平衡給電および平衡給電のそれぞれにおいて，同軸給電とギャップ給電を行った。

有限要素法を用いた電磁界シミュレータでは，自動分割を用いた。総セル数は，不平衡給電と平衡給電においてそれぞれ 16 425，13 396 である。放射境界には，境界の接線方向の電界に対し，2 次の放射境界条件式が用いられてお

106   5. 携帯端末用小形アンテナの設計事例

り，アンテナと放射境界の間に 1/4 波長以上の距離が必要とされる。給電方法としては FDTD 法と同様に，不平衡給電および平衡給電のそれぞれにおいて，同軸給電とギャップ給電を行った。

有限積分法を用いた電磁界シミュレータにおいても，自動分割を用いた。セルの分割数は，経験的に 1 波長当たり 40 を採用した。総セル数は，不平衡給電，平衡給電ともに 389 160 である。給電方法としては FDTD 法および有限要素法と同様に，不平衡給電および平衡給電のそれぞれにおいて，同軸給電とギャップ給電を行った。以上をまとめ，各電磁界シミュレータの給電部の取扱いを**表 5.2** に示す。

表 5.2 各電磁界シミュレータの給電部の形式

	平衡給電 （ギャップ給電）	不平衡給電 （同軸給電）
モーメント法	アンテナ ［+］［−］ グランド板	アンテナ ［+］［−］ 短絡ワイヤ グランド板
FDTD 法	アンテナ グランド板	アンテナ 同軸ポート グランド板
有限要素法	アンテナ グランド板	アンテナ グランド板
有限積分法	アンテナ グランド板	アンテナ グランド板

5.2 平衡給電型折返しループアンテナ　107

5.2.6 電流分布特性

本節では電流分布の解析において，まずモーメント法の電磁界シミュレータの計算結果を示し，測定結果と比較検討する．実験による電流分布は，Schmid & PartnerEngineering AG 社の電磁界測定装置 DASY-3[27] を使用し，不平衡および平衡給電の場合を測定している．この装置は，アンテナ上の磁界について，グランド板から約 1/10 波長の表面を走査するプローブアンテナによって，位相と振幅を測定する．表面電流密度 J は，磁界 H との間に $n \times H = J$ の関係が成り立つ（n は表面から外へ向かう単位法線ベクトルである）．電流分布は，アンテナ上を 3/100 波長で網目状に区切り，各節点の磁界の測定を行っている．

モーメント法の電磁界シミュレータにより得られた，折返しループ素子およびグランド板上の電流分布を，図 5.8 に示す．図（a）に不平衡給電，図（b）に平衡給電の場合を示す．図より明らかなように，グランド板上の電流分布は給電付近で違いが現れているが，グランド板全体においてはほぼ同じ強度で分布している．短絡部と給電部付近で電流分布の異なる原因としては，不平衡給電を模擬するためグランド板とアンテナ素子間に設けた短絡ワイヤによって若干の電流が誘起され，その短絡ワイヤを接続するためにグランド板の短軸方向

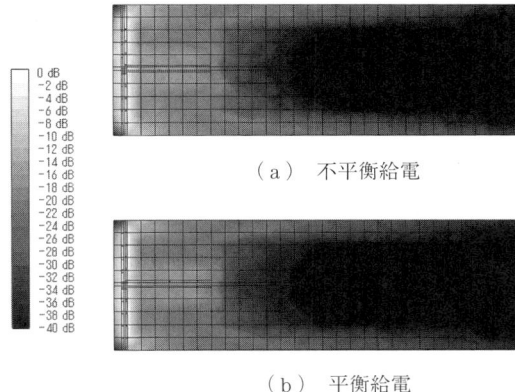

（a）　不平衡給電

（b）　平衡給電

図 5.8　電流分布（計算：モーメント法）

108   5. 携帯端末用小形アンテナの設計事例

に設けた 0.225λ 幅のセルに，その電流が反映されたためと考えられる。しかしながら，その電流の分布は，給電部を中心として 1/5 波長離れた部分ではほとんど分布しない。

このような傾向は，平衡給電と不平衡給電の場合でグランド板上の電流分布が大きく異なる方形ループ[11]，L 字型ループ[12] ではみられない。また，アンテナの素子は，グランド板上に対称的な構造をとるように置いてあるので，xz-平面でのグランド板上の電流分布は対称となっている。

図 5.9 に実験により得られた電流分布を示す。図 (a) は不平衡給電，図 (b) は平衡給電の場合である。実験では，測定用プローブアンテナを，アンテナ素子に接触しないように 2 次元的に走査しているため，プローブアンテナとアンテナ素子との距離が導体板に比べ近くなり，アンテナ素子上の電流が大きくなっている。したがって実験の電流分布はアンテナの素子を含めた値なので，素子付近では電流分布が大きくなっているが，全体的には計算の場合と同様に，給電部付近を除いて不平衡給電および平衡給電ともにほぼ同様の傾向を示している。

これより，長さ半波長の折返しループは，不平衡給電されてもグランド板に電流が流れない自己平衡作用を有することが確認できる。また，折返しループ

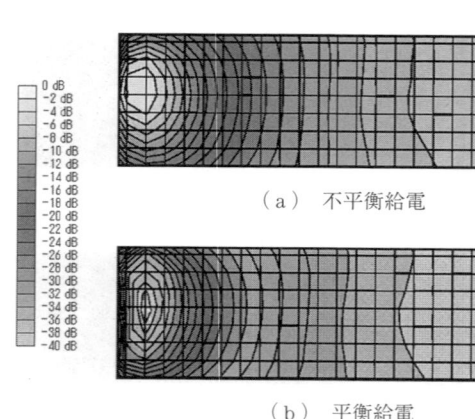

(a) 不平衡給電

(b) 平衡給電

図 5.9　電流分布（実験）

アンテナの場合,他のタイプの平衡給電型アンテナ($d_z=5.5\,\mathrm{mm}$)に比べ,グランド板上に分布する電流の強度がわずかに大きくなっているが,これは,低姿勢化のためアンテナ素子をグランド板により近接させたこと($d_z=1\,\mathrm{mm}$)が原因として考えられる。

各電磁界シミュレータにより求められた,折返しループアンテナのグランド板上の電流分布を図 5.10 に示す。図(a),(b)および(c)にそれぞれFDTD 法,有限要素法,有限積分法の計算結果を示す。ここでは不平衡給電の場合における結果のみを示し,各シミュレータの機能的な問題により,有限要素法と有限積分法は線形(linear)表示で,FDTD 法は dB 表示で表している。

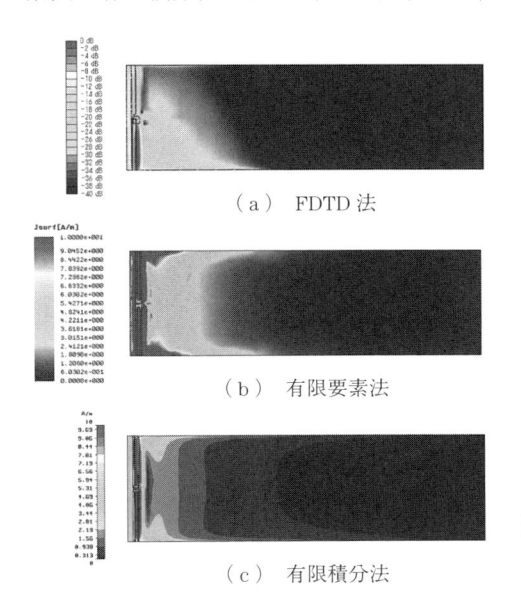

(a) FDTD 法

(b) 有限要素法

(c) 有限積分法

図 5.10 各シミュレータにおける導体板上の電流分布(不平衡給電)

各電磁界シミュレータともに,電流分布は,給電部を中心として 1/5 波長離れた部分ではほとんど分布しておらず,平衡給電における筐体電流の減少効果が表れている。FDTD 法の電流分布は,モーメント法の電流分布と比べて給電点付近の電流が強く表れているが,その他の部分においては同様の傾向を示している。また,有限要素法の電流分布は,給電点の近傍において電流が強く

広がっており，モーメント法の電流分布とその特性が異なっている．これは，電流分布の表示が線形表示であるために，色別に対応した範囲がモーメント法の計算結果と一致していないためと考えられる．有限積分法の電流分布は，給電点近傍において，他のシミュレータと比較して電流が弱く分布している．しかしながら，放射パターンにおいては他のシミュレータと大きな差は生じておらず，この点については，給電部の取扱いを含めてさらに検討を行っていく必要がある．

5.2.7　入力インピーダンス特性

折返しループアンテナのリターンロス特性について，各シミュレータによる計算結果と実験結果を**図 5.11** に示す．解析は 1.6 GHz から 2.1 GHz までの周

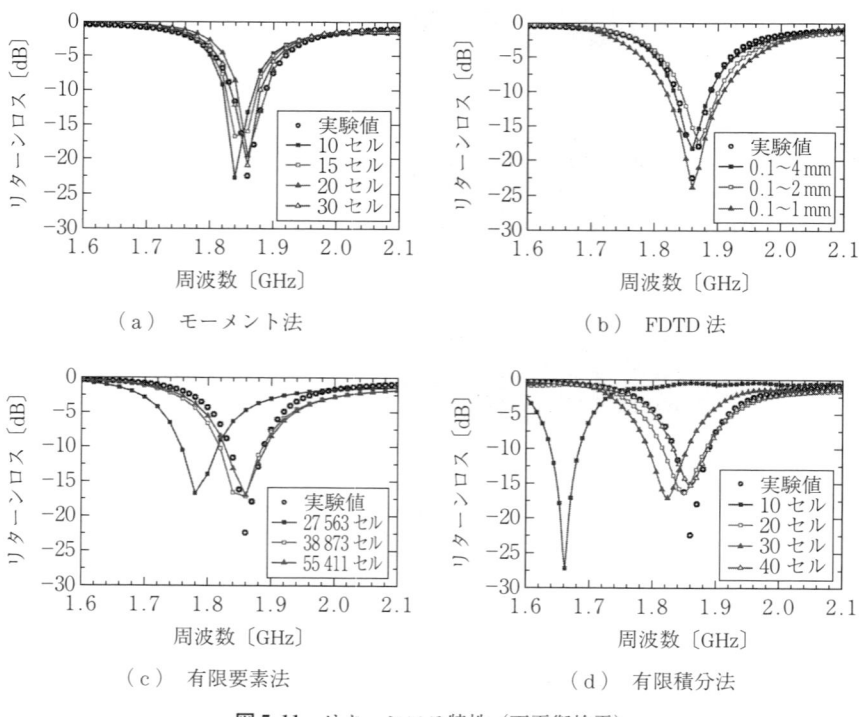

（a）モーメント法

（b）FDTD 法

（c）有限要素法

（d）有限積分法

図 5.11　リターンロス特性（不平衡給電）

5.2 平衡給電型折返しループアンテナ

波数範囲で行っている．これらの計算結果は全体的に実験値に近い値を示した．

モーメント法の電磁界シミュレータでは，リターンロス値が最小になる周波数は，分割が1波長あたり10セルのとき，実験値に比べて低くなっているが，分割数が大きくなるにつれ高くなる傾向にある．1波長あたり15セルもしくは20セルの場合に，計算値は実験値と良く一致する．

FDTD法の電磁界シミュレータでは，どの分割条件においても，リターンロス値が最小になる周波数は実験値と一致する．ここで指定した分割条件では，すでに収束した結果になっていることが考えられる．

有限要素法の電磁界シミュレータでは，VSWRが最小となる周波数は，総セルが小さい初期メッシュ時に低くなっているが，分割数が大きくなるにつれ高くなる傾向にある．

有限積分法の電磁界シミュレータでは，VSWRが最小になる周波数は，分割が1波長あたり10セルのとき実験値に比べて低くなっているが，分割数が大きくなるにつれ高くなる傾向にある．1波長あたり40セルの場合に計算値は実験値と良く一致する．

シミュレータ比較のため，**図5.12**に，折返しループアンテナのインピーダンス特性をリターンロス特性にて示す．図(a)と図(b)は，それぞれ不平衡給電と平衡給電を示す．モーメント法の電磁界シミュレータによる計算結果

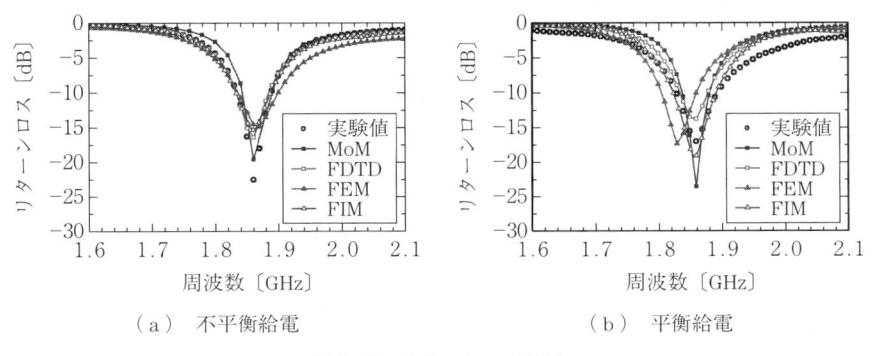

(a) 不平衡給電　　　　　　(b) 平衡給電

図5.12　リターンロス特性

は，不平衡給電および平衡給電ともに実験値と良く一致している。またリターンロス値が最小となる周波数は中心周波数である 1.86 GHz で一致し，整合が取れていることがわかる。

　FDTD 法，有限要素法，有限積分法のシミュレータによる計算結果は，不平衡給電において実験値と良く一致しており，平衡給電の場合においても実験値と同様の傾向が得られている。解析結果から，折返しループアンテナはインピーダンス特性の改善が可能であり，インピーダンス特性は，不平衡給電および平衡給電ともにほぼ同様になることが確認できた。

　モーメント法のシミュレータによる計算結果において，アンテナの帯域幅（リターンロス値で -10 dB 以下）は，不平衡給電の場合にて 50 MHz（2.7%），平衡給電の場合にて 47 MHz（2.5%）で比較的狭帯域である。ここでは示していないが，広帯域化の検討として，中心周波数より低い周波数で動作する無給電素子を用いて検討を行い，その結果，アンテナの帯域幅はほぼ 2 倍（不平衡給電型：5.3%，平衡給電型：5.4%）に広がることを確認した。また，自己平衡作用を有する折返しダイポールアンテナは，2 線の直径比によってその電流分配率を変え，入力インピーダンスを変えることができ，折返しループアンテナは，2 線の幅比を調整することにより，比帯域約 45% の広帯域特性をもつことが確認されている[28]。

5.2.8　放射特性

　自由空間における折返しループアンテナの放射パターンを，図 5.13 に示す。図（a）と図（b）は，それぞれ不平衡給電と平衡給電を示す。放射パターンのスケールは絶対利得（dBi）である。各電磁界シミュレータによる計算結果は，不平衡給電および平衡給電ともに実験値と良く一致しており，その他のシミュレータの計算結果も，不平衡給電および平衡給電ともに同様の傾向を示すことがわかった。また，不平衡給電と平衡給電の放射パターンは，たがいによく一致している。これは，折返しループアンテナ素子自体が平衡作用を有し，グランド板上に流れる筐体電流が少ないため，グランド板からの放射がほとんど生

5.2 平衡給電型折返しループアンテナ　　113

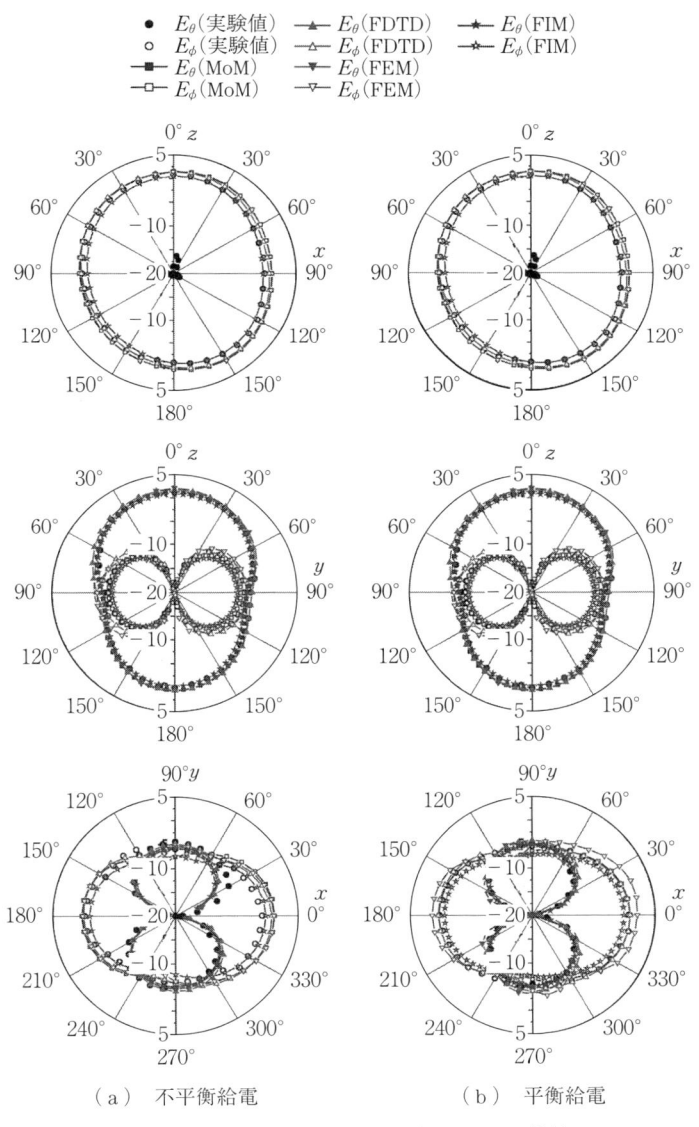

凡例:
- E_θ（実験値）　　E_θ（FDTD）　　E_θ（FIM）
- E_ϕ（実験値）　　E_ϕ（FDTD）　　E_ϕ（FIM）
- E_θ（MoM）　　E_θ（FEM）
- E_ϕ（MoM）　　E_ϕ（FEM）

（a）不平衡給電　　　　　（b）平衡給電

図 5.13　自由空間における折返しループアンテナの放射パターン

じないことを意味する。

また，このときの最大利得の値を表5.3に示す。実験値と計算値はよく一致しており，実験値と計算値の差異はほぼ1dB以内であることがわかる。ここでは示していないが，これを確認するために，グランド板のない折返しループ素子単体の放射パターンと比較した。その結果，グランド板上に設置されたときの放射パターンは，アンテナ素子単体の放射パターンと全平面においてほぼ一致しており，アンテナ素子からの放射が支配的であることがわかった。

表5.3 折返しループアンテナの絶対利得 ($f_0 = 1.86$ GHz)

		最大利得〔dBi〕
不平衡給電	モーメント法	1.43
	FDTD法	1.36
	有限要素法	1.37
	有限積分法	2.2
	実験値	1.02
平衡給電	モーメント法	1.34
	FDTD法	1.76
	有限要素法	2.05
	有限積分法	2.2
	実験値	1.11

5.3 人体近傍時における平衡給電型折返しループアンテナの特性

前節では，自己平衡作用を有する折返しループアンテナが自由空間に置かれた場合の特性を解析・検討し，入力インピーダンス特性が改善されたことと，同軸ケーブルによる不平衡給電の場合においても，筐体電流が減少し，平衡給電と同様の特性を有することを確認した。

ここでは，人体近傍時においても平衡給電と変わらない特性を維持することを確認するため，解析モデルとして人体頭部モデルを用い，それらの近傍に置かれた折返しループアンテナの放射特性について検討する。

5.3 人体近傍時における平衡給電型折返しループアンテナの特性

解析は，携帯端末のシールド板に相当するグランド板上に折返しループアンテナを設置したアンテナ系を，球状の人体頭部モデルおよび手部モデルに近接させた場合について行う．数値計算には自由空間の場合と同様に，モーメント法，FDTD 法，有限要素法，有限積分法のシミュレータを用いた．また，人体ファントムを用いた実験による放射パターンの測定結果と計算結果を比較し，計算の妥当性を検証する．

5.3.1 アンテナと人体モデルの構成

図 5.14 に，アンテナと人体モデルの構成を示す．図 (a) にアンテナと球状人体モデルの配置を，図 (b) にアンテナと球状人体および手部モデルの配置を示す．アンテナを人体頭部側面に置いた状態でのアンテナ特性を，それぞれ人体モデルを用いて解析する．解析モデルの座標系は，グランド板の長辺軸沿いに x 軸，短辺軸沿いに y 軸，垂直方向に z 軸を設定した．給電方法は，比較のため同軸ケーブルによる不平衡給電の場合と，平行 2 線による平衡給電の場合を考える．

解析に用いる球状人体モデルとしては，脳等価固体ファントム[29]を使用するが，具体的には，使用周波数は 1 860 MHz であり，人体頭部モデルとして国際標準の一つである COST244[30] で定めるモデルを使用する．この直径は 200

(a) アンテナと球状人体モデルの配置

(b) アンテナと球状人体および手部モデルの配置

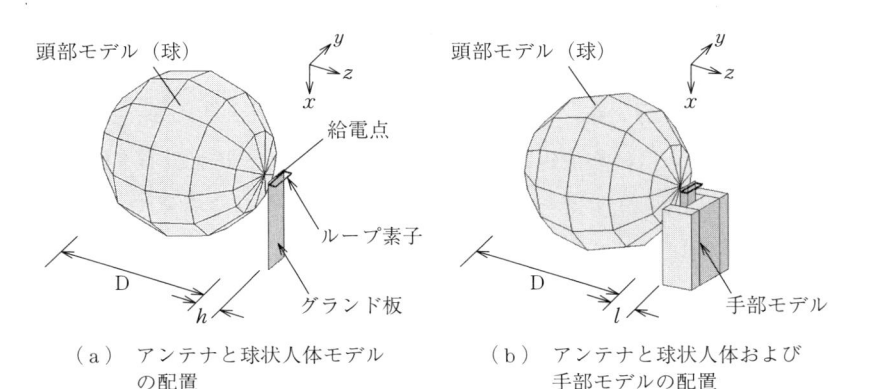

図 5.14 アンテナと人体モデル

mm である．人体モデルとグランド板の間隔は 10 mm である．各人体モデルの電気定数は 1.9 GHz 帯の脳の電気定数である比誘電率 43.37，導電率 1.204 S/m を用いた．人体手部モデルは，金属筐体を握った手を想定したコの字形状で，その体積が約 300 cc になるように高さを 100 mm，厚みを 20 mm とした．手部モデルとグランド板の間隔は 4 mm である．人体手部モデルは 2 GHz における筋肉の電気的特性を表す比誘電率 54 および 1.45 S/m を用いた．

モーメント法を用いた電磁界シミュレータでは，解析のモデルの自動分割を行うための基準となる周波数を 2.1 GHz とした．人体モデルを含む解析においては，自由空間と同じように 1 波長あたり 20 セルで分割すると総セル数が非常に大きくなってしまうため，1 波長あたり 10 セルにて分割した．この際の解析モデルの総セル数は，不平衡給電と平衡給電においてそれぞれ 2 864，2 918 である．

FDTD 法を用いた電磁界シミュレータでは，自由空間と同様に 0.5 mm から 4 mm の不均一メッシュで分割を行い，解析モデルの総セル数は，不平衡給電と平衡給電においてそれぞれ 367 275，313 880 である．

有限要素法を用いた電磁界シミュレータでは，自動分割を用いた．総セル数は，不平衡給電と平衡給電においてそれぞれ 18 345，12 253 である．

有限積分法を用いた電磁界シミュレータにおいても，自動分割を用い，総セル数は不平衡給電と平衡給電ともに 9 660 189 である．

5.3.2 電流分布

モーメント法を用いた電磁界シミュレータで計算した電流分布を**図 5.15** に示す．図 (a) と図 (b) はそれぞれ不平衡給電と平衡給電を示す．電流分布は，人体近傍時においても，自由空間時と同様の筐体電流の減少効果が表れている．いままで，平衡給電型と比較するために用いてきた不平衡給電型アンテナでは，グランド板上に流れる電流は大きく，一方，平衡給電型では，グランド板上に流れる電流は小さい傾向を示し，それらの違いは顕著であった．また電流分布は，不平衡給電と平衡給電の比較においてもよく一致している．これ

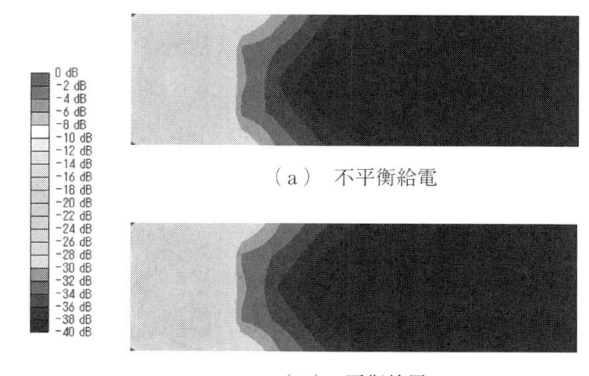

5.3 人体近傍時における平衡給電型折返しループアンテナの特性　　117

（a）不平衡給電

（b）平衡給電

図 5.15 人体モデル近傍時の折返しループアンテナの電流分布特性（$f_0 = 1\,860\,\text{MHz}$）

らの結果より，折返しループアンテナは，人体近傍においても自己平衡作用を有していることがわかる．

5.3.3 放 射 特 性

図 5.16 に球状人体モデル近傍時の放射パターンを示す．図（a）に不平衡給電の場合の，図（b）に平衡給電の場合の放射パターンを示す．

自由空間では計算値と実験値は良く一致しているが，人体頭部モデルを近接している場合は，最大で 4 dB 程度の差異が生じている．この原因として，モーメント法の電磁界シミュレータは，完全な球をモデル化することができないため 64 面体にて球を模擬しており，さらには球内部を空洞としてみなしていること，FDTD 法の電磁界シミュレータは，完全な球ではなく小ブロックにて球を模擬していること，有限要素法の電磁界シミュレータは，完全な球をモデル化しているが計算時間の関係上球内部を空洞とみなしていることが上げられる．有限積分法の電磁界シミュレータは，完全な球をモデル化でき，球内部も考慮して計算することができるため，これら四つのシミュレータの中では最も実験値と傾向が一致している．

5. 携帯端末用小形アンテナの設計事例

- E_θ(実験値) ─▲─ E_θ(FDTD) ─★─ E_θ(FIM)
- E_ϕ(実験値) ─△─ E_ϕ(FDTD) ─☆─ E_ϕ(FIM)
- E_θ(MoM) ─▼─ E_θ(FEM)
- E_ϕ(MoM) ─▽─ E_ϕ(FEM)

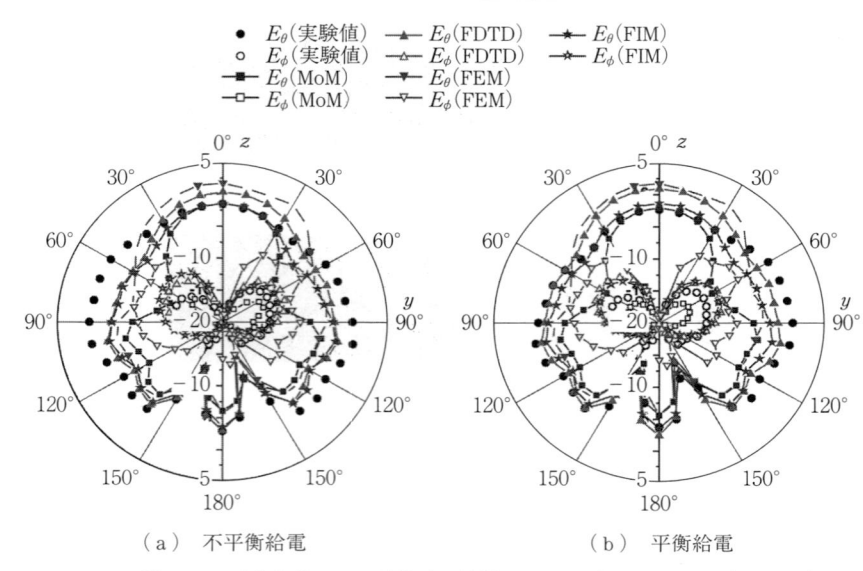

（a）不平衡給電　　　　　　（b）平衡給電

図 5.16　球状人体モデル近傍時の放射パターン（$f_0 = 1\,860$ MHz）

計算結果は，不平衡給電および平衡給電ともに，頭部方向には放射が弱まり，頭部反対方向には強まる傾向にあるが，不平衡給電および平衡給電の放射パターンはともに良く一致し，電流分布の結果と同様に，人体近傍時においても，アンテナ素子による自己平衡作用を確認することができる。

表 5.4 に，人体モデルがない場合と人体モデルがある場合の，yz 平面における各偏波の成分の平均値を示す。ここでの平均値は，単に 5° ごとの各偏波成分の相加平均をとったものである。偏波成分の変化量が最も大きいのは E_ϕ

表 5.4　人体モデル近傍時の各偏波成分の平均値

給電法	人体モデル	E_θ〔dB〕	E_ϕ〔dB〕
不平衡給電	無：a	0.48	−10.75
	有：b	−0.81	−9.00
	変化量：c=|a−b|	1.29	1.75
平衡給電	無：a	0.21	−10.22
	有：b	−0.85	−8.85
	変化量：c=|a−b|	1.06	1.37

成分であるが，不平衡給電と平衡給電の変化量の差は1dB以下であり，ほとんど同じ変化が現れている。このように折返しループアンテナは人体近傍時においても，不平衡・平衡給電に関係なくほぼ同じ特性を有することが確認できる。

また，**図5.17**に球状人体および手部モデル近傍時の放射パターンを示す。図の放射パターンは，不平衡給電の場合であるが，平衡給電においても同様な結果を示す。図より，球状人体および手部モデル近傍時の放射パターンは，球状人体モデル近接時の放射パターンと比べて全体的に放射が弱まっている。これは，反射係数の絶対値が最も小さくなる周波数が，人体モデルにより低い周波数側へシフトするので，1 860 MHzにおける不整合損失が大きくなるためである。

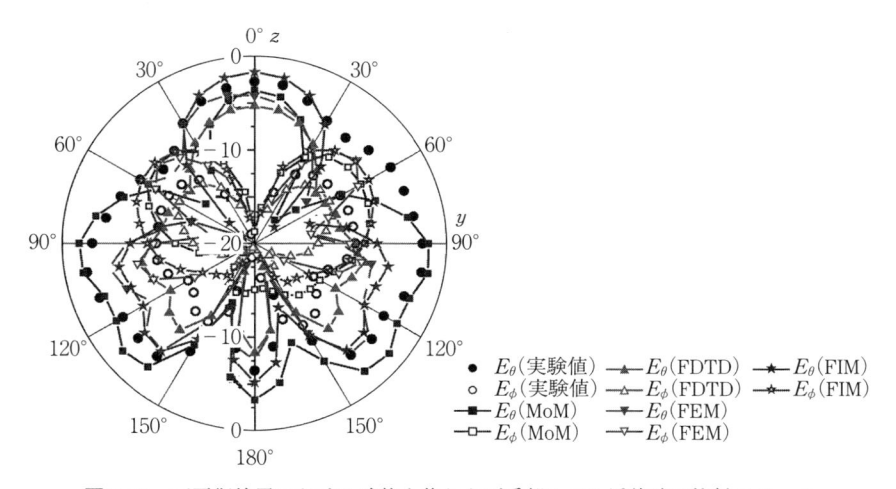

図5.17 不平衡給電における球状人体および手部モデル近傍時の放射パターン (f_0 = 1 860 MHz)

5.4　L字型折返しモノポールアンテナ

前節で検討した携帯端末用折返しダイポールアンテナは，筐体電流の低減および広帯域化などの入力インピーダンス特性の改善において，有効であること

を確認した。しかしながら，折返しダイポールアンテナの自己平衡作用を維持するには，アンテナの長さを半波長，すなわちアンテナの全長を約1波長にしなければならないという大きさの制限がある。さらに，近年の移動通信においては，通信品質の向上やデータ伝送速度の高速化に向け，複数の送受信アンテナを携帯端末に装荷するダイバーシチアンテナ[31]やMIMO（Multiple-Input Multiple-Output）などのマルチアンテナ技術の研究開発が進められている[32),33)]。したがって，携帯端末の限られた空間に複数の素子アレーを配置することを考慮すると，より小形の，マルチアンテナに適したアンテナの実現が課題となる。

このような背景から，折返しダイポールアンテナをグランド板上で水平に折り曲げた内蔵型折返しダイポールアンテナ（built-in folded dipole antenna，BFDA）[34)]に対して，給電点を中心に素子を半分にした，内蔵型半折返しダイポールアンテナ（built-in folded monopole antenna，BFMA）が提案された[35),36)]。

ここでは，U字型折返しダイポールアンテナ（U-shaped folded dipole antenna，UFDA）を小形にするため[37)]，UFDAを給電点で半分にした構造のアンテナを考える。このアンテナは，折返しモノポールをグランド板に対して水平方向に折り曲げた形状がL字型であるため，L字型折返しモノポールアンテナ（L-shaped folded monopole antenna，LFMA）と呼ぶ。LFMAはUFDAの半分の大きさを有し，グランド板上での省スペース化が施された点で，既存のBFMAよりも複数のアンテナ素子を構成するシステムに適していると考えられる。

まず，LFMA素子およびグランド板上での配置など，アンテナの構造を説明するとともに，通常のモノポールアンテナと異なったLFMAの特性を調べる。つぎに，低姿勢で小形かつ広帯域なアンテナを実現するため，アンテナ素子の形状・寸法を変化させることにより最適な構造パラメータを見出し，そのアンテナ特性（インピーダンス特性，電流分布特性，放射特性）を携帯端末用内蔵アンテナとして一般的な板状逆Fアンテナと比較検討する。

アンテナの解析には，有限積分法を基本とする電磁界シミュレータを用い

る。また，シミュレーションによる計算結果の妥当性を確認するため，放射特性を含めて実験による検討を行う。

5.4.1 アンテナの構造

図 5.18 に LFMA 素子の構造を示す。前節で説明した折返しダイポールアンテナは，アンテナ素子をグランド板に水平に折り曲げ低姿勢化した BFDA と，グランド板上での占有面積を低減し省スペース化した UFDA に進化した。LFMA はこの UFDA を給電点で半分にし，さらなる小形化を図ったものである。

図 5.19 に本章で用いるアンテナの構造を示す。アンテナは携帯端末の筐体を模擬したグランド板に，折返しモノポール素子を L 字型に折り曲げ，グラ

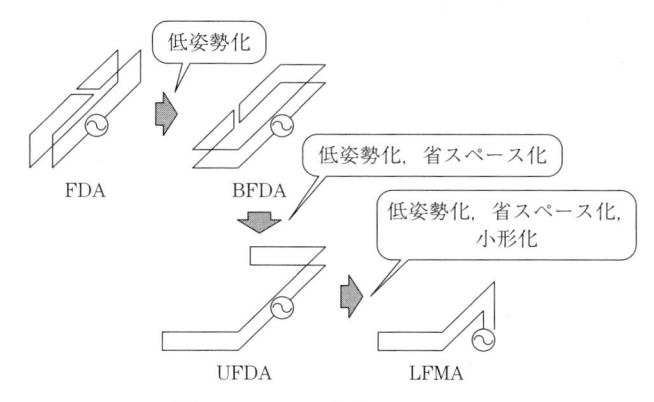

図 5.18 LFMA 素子のモデリング

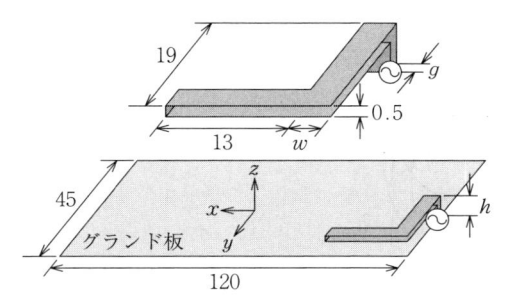

図 5.19 導体板に配置した LFMA

〔mm〕

ンド板の右上端に沿うように配置している。それぞれ厚さ 0.2 mm, 0.5 mm の銅板（$\sigma = 5.8 \times 10^7$ S/m）から構成されている。アンテナ素子が小形であるため，グランド板の左上の半分には，複数素子の構成ができるよう空間が設けられる。また，複数の素子をグランド板に装荷する場合を想定し，アンテナの給電は，グランド板の中央部分から行われるように設計している。アンテナの座標系は，グランド板の長軸沿いに x 軸，短軸沿いに y 軸，垂直方向に z 軸を設定している。

5.4.2　入力インピーダンス特性

図 5.20 にアンテナの入力インピーダンス特性を示す。LFMA の構造パラメータは，その基本特性を調べるため，$w = 1$ mm, $h = 7$ mm, $g = 1$ mm に設定した。折返し構造の有用性を説明するために，幅 1 mm のストリップで構成しグランド板に垂直に置いたモノポールアンテナ，および水平に折り曲げたモノポールアンテナ（inverted-L antenna, ILA）を用いて，入力インピーダンスを

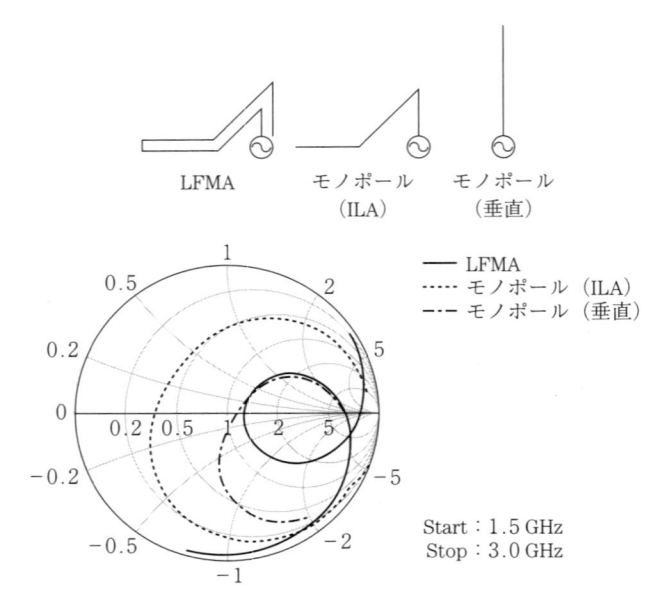

図 5.20　入力インピーダンス特性の比較（$Z_0 = 50$ Ω）

比較検討する。

モノポールアンテナを垂直に立てた場合は，入力インピーダンスは整合に近い値が得られるものの，モノポールアンテナをグランド板に水平に折り曲げた形状においては，放射抵抗が低くなり整合をとることはできない。しかしながら，折返し構造をとることにより，入力インピーダンスは約4倍に調整でき，整合に近い値が得られる。このように，折返し構造は，小形かつ低姿勢な形状を実現するために有効な手法であることがわかる。

表 5.5 に 2.1 GHz におけるこれら3つのアンテナの入力インピーダンス値を示す。

表 5.5　各アンテナの入力インピーダンス（2.1 GHz）

アンテナのタイプ	入力インピーダンス〔Ω〕
LFMA	$62.27 - j0.10$
モノポール（ILA）	$16.61 + j9.93$
モノポール（垂直）	$53.31 - j5.85$

5.4.3　放 射 特 性

図 5.21 に LFMA の放射パターンを示し，その放射パターンを同じグランド板に配置したモノポールアンテナと比較する。xz 平面において，モノポールアンテナは $-z$ 方向にも放射し，8の字が変形したようなパターンを示す。これは，モノポールアンテナを有限グランド板上に配置しており，$-z$ 方向にも放射が回り込んだためだと考えられる。また，同様の傾向が LFMA においても現れている。

yz 平面においては，モノポールアンテナは8の字形状のパターンを示し，LFMA は8の字が z 方向に 45° シフトしたようなパターンを示す。xy 平面において，LFMA の E_θ 成分は，モノポールアンテナ同様に無指向性のパターンになっているが，その放射は弱まっており，E_ϕ 成分のほうが強く現れている。

yz 平面と xy 平面において放射特性に違いが生じるのは，LFMA がアンテナ素子をグランド板に対して水平に折り曲げたことで，水平偏波が強くなったた

124   5. 携帯端末用小形アンテナの設計事例

―― E_θ（計算値）   ……… E_ϕ（計算値）

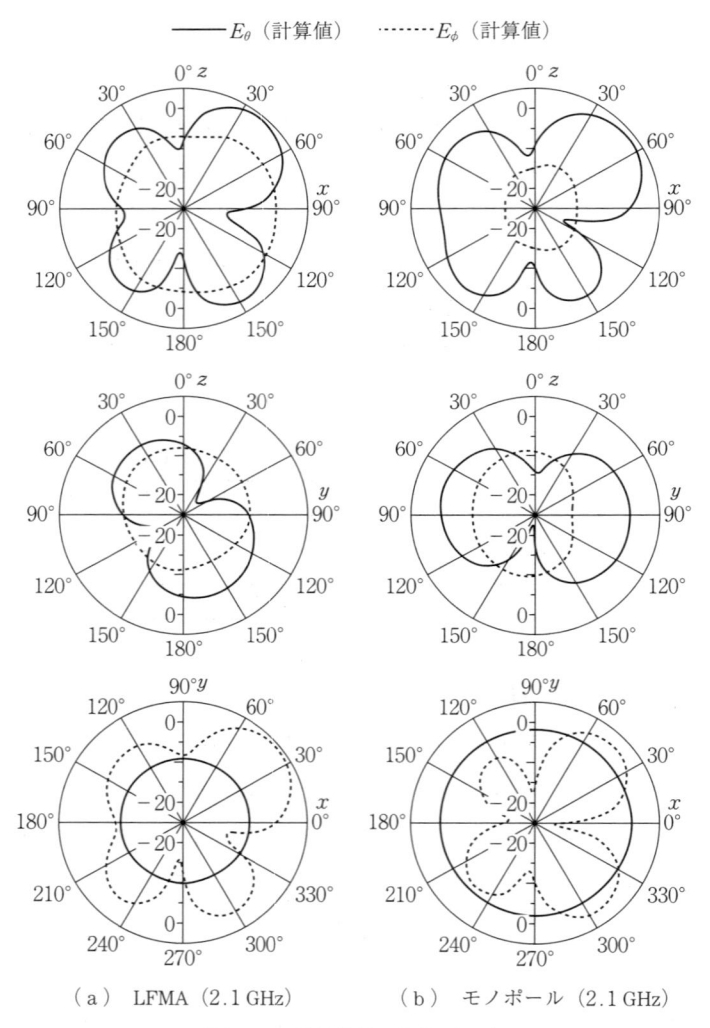

(a) LFMA (2.1 GHz)   (b) モノポール (2.1 GHz)

図 5.21　放射特性の比較 (dBi)

めであると考えられる．

5.4.4　構造パラメータの検討および特性解析

ここでは，LFMA における小形かつ広帯域なパラメータを見出すため，図

5.19 に示したアンテナの構造パラメータ（w, h, g）に関する入力インピーダンス特性の変化を解析する。解析には，有限積分法を基本とする電磁界シミュレータを用い，アンテナを有限グランド板に設置したモデルを用いて行う。LFMA の初期パラメータは，$w=1$ mm，$h=7$ mm，$g=1$ mm と設定している。

構造パラメータを $w=1$ mm，$g=1$ mm とした LFMA について，アンテナ高さ h を変化させたときの入力インピーダンス特性を図 5.22 に示す。図より，パラメータ h を小さくするとスミスチャート上のプロットは左へシフトし，入力インピーダンスの抵抗成分が小さくなる。また，アンテナの共振周波数は低周波数側へシフトすることがわかる。

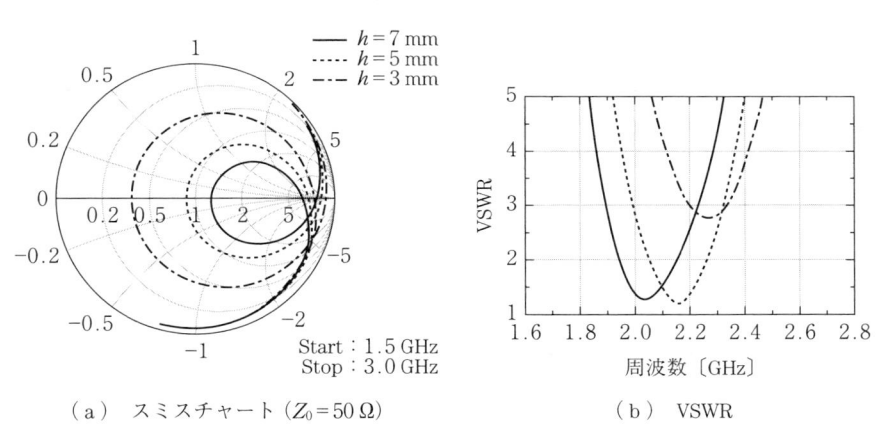

（a）スミスチャート（$Z_0=50\,\Omega$）　　　　（b）VSWR

図 5.22　入力インピーダンス特性 vs. h（$w=1$ mm，$g=1$ mm，$b=0.5$ mm）

つぎに，構造パラメータを $w=1$ mm，$h=7$ mm とした LFMA について，給電および短絡ストリップの間隔 g を 1 mm から 5 mm まで変化させた場合の入力インピーダンス特性を図 5.23 に示す。パラメータ g が変化すると，スミスチャート上での変化は大きくないが，アンテナの周囲長が短くなるため，アンテナの共振周波数は高周波数側へシフトすることがわかる。

また，構造パラメータを $h=7$ mm，$g=1$ mm とした LFMA について，アンテナ素子のストリップ幅 w を 1 mm から 5 mm まで変化させた場合の入力イン

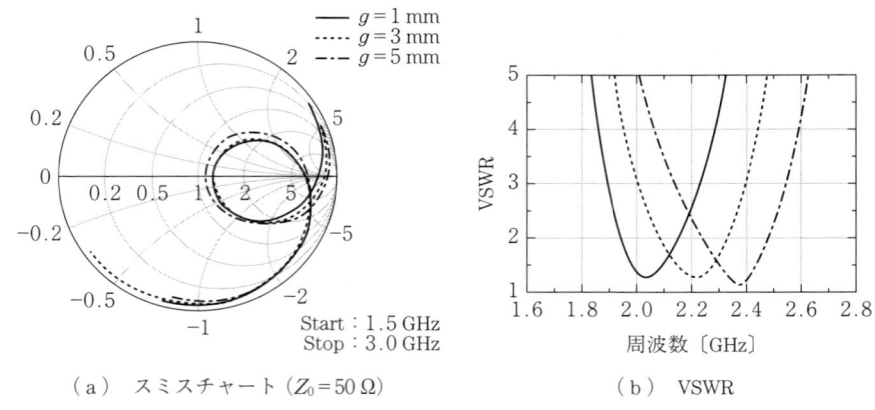

126   5. 携帯端末用小形アンテナの設計事例

図 5.23 入力インピーダンス特性 vs. g ($w=1$ mm, $h=7$ mm)

ピーダンス特性を**図 5.24**に示す。パラメータ w を 1 mm から 5 mm まで大きくすると，その入力インピーダンスは 50 Ω 近傍においてループ軌跡を示し，広帯域特性が得られることが確認できる。

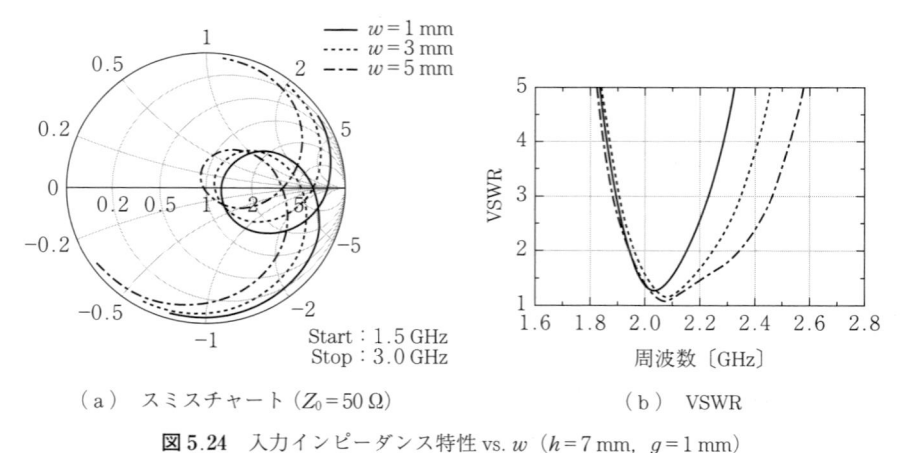

図 5.24 入力インピーダンス特性 vs. w ($h=7$ mm, $g=1$ mm)

5.4.5 PIFA との比較を考慮した LFMA の特性

低姿勢かつ小形な形状を維持しながら広帯域特性を実現するために，LFMA のアンテナ構造パラメータによる入力インピーダンス特性変化を検討した。ア

5.4 L字型折返しモノポールアンテナ

ンテナ構造パラメータの検討の結果,最も広帯域特性を有するLFMAの構造パラメータは,$w=5\,\mathrm{mm}$,$h=7\,\mathrm{mm}$,$g=1\,\mathrm{mm}$ である。

ここでは,この場合におけるLFMAのアンテナ特性(インピーダンス特性,電流分布特性,放射特性)を,携帯端末用内蔵アンテナとして一般的な板状逆Fアンテナ(PIFA)と比較検討する。

性能比較に用いるアンテナの構造を**図5.25**に示す。図(a)のLFMAの構造パラメータは,最も広帯域特性が得られるパラメータである。LFMAと性能比較を行うPIFAの構造を図(b)に示す。板状素子のグランド板からの高さは,入力インピーダンスの放射抵抗に大きく寄与し比帯域に影響するため,PIFAのグランド板からの高さはLFMAと同じ高さに設定し,LFMAと同じ共振周波数になるように調整を行っている。PIFAのアンテナ素子の周囲長は約半波長であり,給電線とショートピンの間の間隔は,より広い帯域幅が得られ

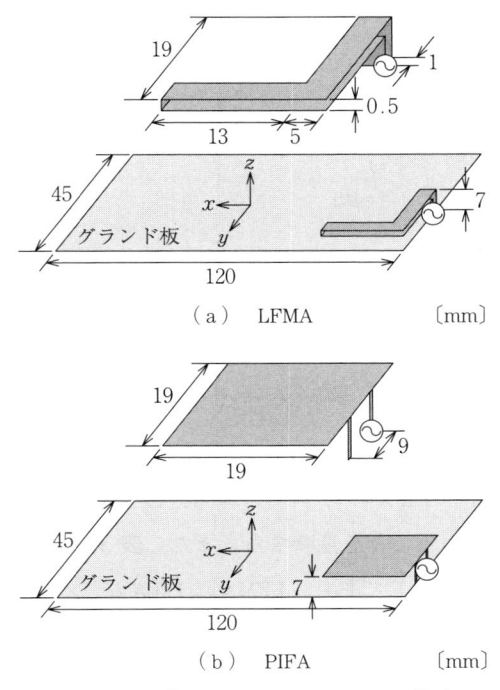

(a) LFMA 〔mm〕

(b) PIFA 〔mm〕

図5.25 性能比較に用いるアンテナの構造

るように調整している.これらの検討に基づいた PIFA の構造パラメータは,板状素子の縦幅および横幅がともに 19 mm,給電線とショートピンの間の間隔が 9 mm である.

(1) 入力インピーダンス特性

図 5.26 に LFMA と PIFA の入力インピーダンスの比較結果を示す.図より,LFMA および PIFA の計算値と実験値はそれぞれ良く一致している.また両アンテナともに,周波数 2.07 GHz を中心に共振していることがわかる.計算結果において VSWR $\leqq$ 2 となる帯域幅は,LFMA は帯域幅 414 MHz,比帯域 19.3%で,PIFA は帯域幅 368 MHz,比帯域 17.4%であり,LFMA のほうが若干広帯域であるものの,両アンテナの帯域特性はほぼ同様であることがわかる.

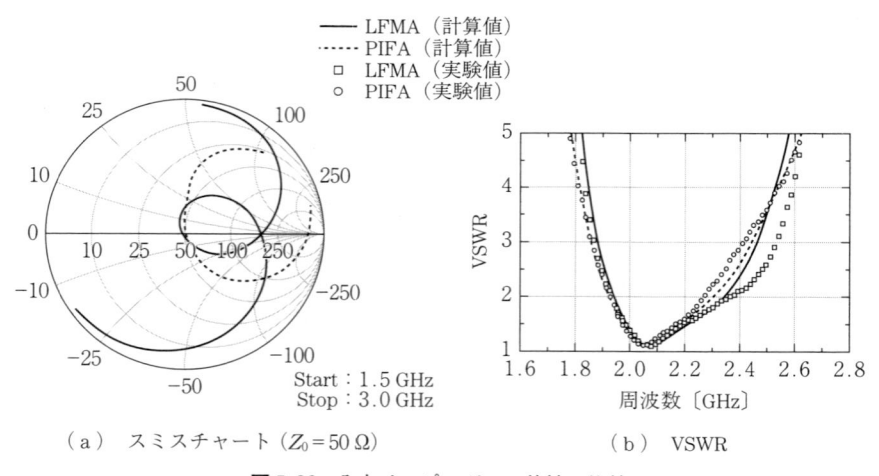

(a) スミスチャート($Z_0 = 50\,\Omega$)　　(b) VSWR

図 5.26 入力インピーダンス特性の比較

図 5.27 には,両アンテナがグランド板上で占める物理的体積を示す.LFMA の物理的体積は PIFA の約 44%となり,LFMA が物理的に PIFA の半分以下に小形化されていることを意味する.また,**表 5.6** は両アンテナの帯域幅と物理的体積の関係を示しており,LFMA は PIFA に比べ物理的に半分以下の大きさでありながら,同等の帯域特性を有することが確認できる.

さらに,無限グランド板上に配置した LFMA と PIFA の特性を示す.無限グ

5.4 L字型折返しモノポールアンテナ

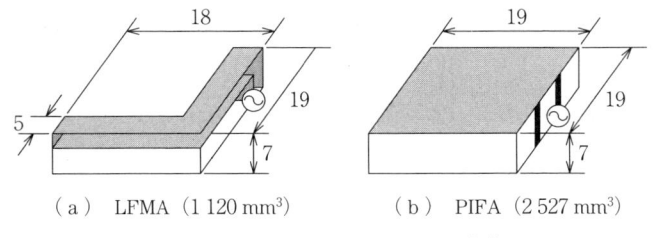

(a) LFMA (1 120 mm³)　　(b) PIFA (2 527 mm³)

図 5.27 LFMA と PIFA の物理的体積

表 5.6 帯域幅と物理的体積の関係

	帯域幅〔MHz〕	帯域幅〔%〕	物理的体積〔mm³〕
LFMA（計算値）	410	19.3	1 120 (44%)
LFMA（実験値）	460	21.4	
PIFA（計算値）	370	17.4	2 527 (100%)
PIFA（実験値）	350	16.7	

ランド板上でのアンテナ特性の解析においては，インピーダンス整合を取るために，パラメータ h を変化させて調整を行った．**図 5.28** に，両アンテナの高さ h を 15 mm にしたときの入力インピーダンスを示す．図より，LFMA のプロットはループ軌跡を示し，無限グランド板上においても PIFA と同等の帯域特性を維持している．

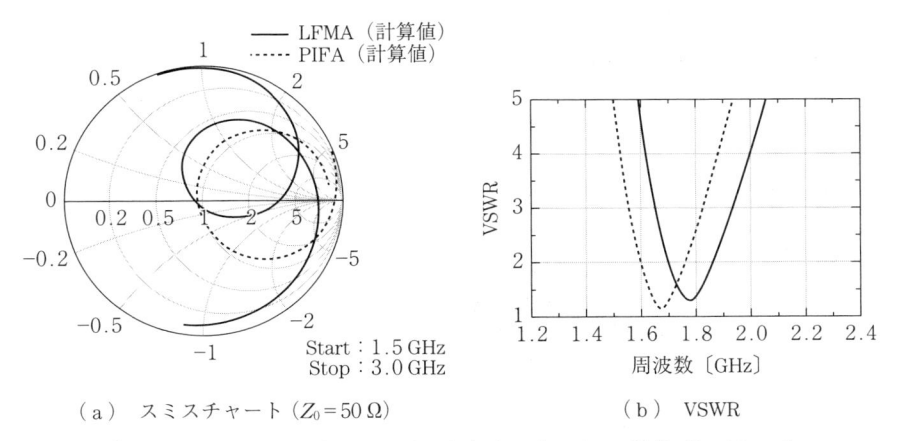

(a) スミスチャート ($Z_0 = 50\,\Omega$)　　(b) VSWR

図 5.28 無限グランド板上における入力インピーダンス特性 ($h = 15$ mm)

表 5.7 には,無限グランド板上においた場合の LFMA と PIFA の帯域幅と物理的体積を示す。表より,LFMA の物理的体積は PIFA よりも小さく,帯域幅は PIFA とほぼ同じであることがわかる。これらの結果より,LFMA は,グランド板の大きさにかかわらず,PIFA よりも小さいアンテナ素子形状にて,PIFA と同等の比帯域を持つことが確認できた。

表 5.7 無限グランド板上における帯域幅と物理的体積の関係

	帯域幅〔MHz〕	帯域幅〔%〕	物理的体積〔mm^3〕
LFMA(計算値)	160	9.5	2 400(44%)
PIFA(計算値)	150	9.4	5 415(100%)

(2) 電流分布

図 5.29 に,周波数 2.07 GHz における両アンテナの電流分布を示す。図(a)は LFMA を,図(b)は PIFA をそれぞれ示す。前節で検討した折返しダイポー

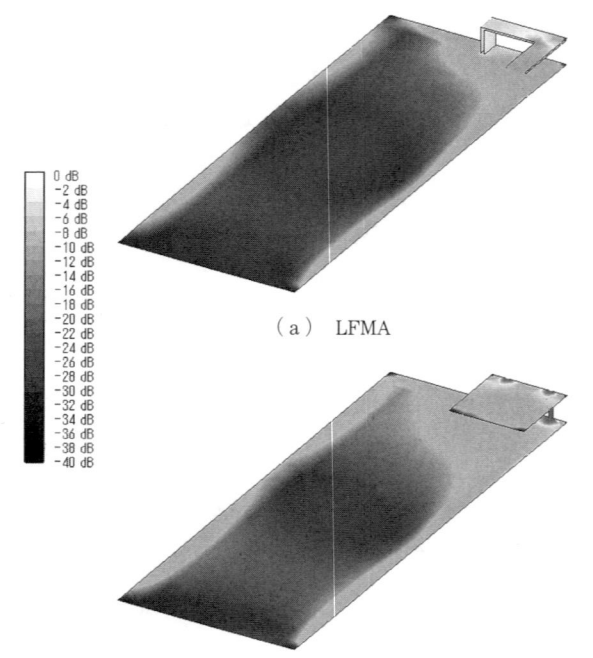

(a) LFMA

(b) PIFA

図 5.29 電流分布 (2.07 GHz)

5.4 L字型折返しモノポールアンテナ

ルアンテナと比べると，LFMAのグランド板に誘起される電流が大きくなっている。これは，アンテナ素子が非対称の不平衡系になり，自己平衡作用が弱まってきたためだと考えられる。しかしながら，PIFAとの比較では，筐体電流が抑制されていることが確認できる。

LFMAの筐体電流が低減される理由について，**図5.30**に示すグランド板上に設置された高さ$\lambda/4$のモノポールアンテナと折返しモノポールアンテナにおける電流の様子を用いて説明する[38]。図(a)のように，グランド板に設置され，同軸ケーブルで給電されたとき，同軸ケーブルの内部導体はアンテナ素子に接続されているので，この電流I_iはグランド板には流れない。同軸ケーブルの外部導体内部を流れてきた電流I_oは，給電部からグランド板に流れる。グランド板が十分大きければ，I_oは減衰してグランド板端部から反射による電流I_rは生じないが，グランド板の大きさが十分でない場合，電流がグランド板端部から反射して戻ってくるので，影響を受けることになる。一方，図(b)のような折返しモノポールアンテナの場合，I_iが$\lambda/2$の経路でグランド板に戻ってくるので，この電流をI_sとすれば，電流の向きは逆であるので，I_iとI_sは同相になる。しかし，同軸ケーブルの外部導体からの電流I_oは逆相となるので，グランド板に流れる電流を打ち消すことになる。

LFMAの場合においても，このような電流の働きにより，筐体電流が低減されていると考えられる。しかしながら，その筐体電流の抑制効果は，FDAのように顕著ではなく，電流分布はPIFAより若干小さいものの，ほぼ同じ電流

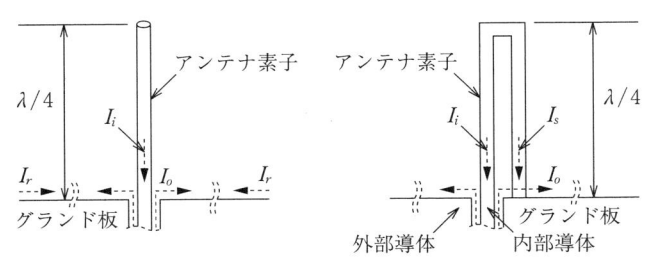

(a) モノポールアンテナ　　(b) 折返しモノポールアンテナ

図5.30 グランド板上に流れる電流[38]

分布を示す．LFMA および PIFA ともに給電部付近の電流が大きく，グランド板の長手方向に向かって徐々に電流の分布が小さくなっている．この結果より，LFMA は PIFA と同様に，グランド板も放射器として動作しているように考えられる．ただし，アンテナのグランド板上での位置，あるいは給電部の位置によっては筐体電流が抑制される場合があり，この点については引続き検討していく必要がある．

（3） 放射特性

周波数 2.07 GHz における放射特性の計算値と実験値を，**図 5.31** に示す．計算値と実験値は各平面にて良く一致する．xy 平面において，E_ϕ 成分に四つのローブが表れているが，これはグランド板の長手方向に流れる電流のためだと考えられる．

表 5.8 に LFMA と PIFA の平均利得および最大利得を，**表 5.9** に LFMA を基準としたときの平均利得差および最大利得差を示す．表より，xz 平面，yz 平面，xy 平面における LFMA の E_θ 成分の平均利得差は，それぞれ 0.74 dB，-0.92 dB，-0.35 dB であり，E_ϕ 成分の平均利得差は，それぞれ -0.52 dB，-0.41 dB，0.84 dB となり，全体的には両アンテナの放射特性は同等であることが確認できる．なお，両アンテナの全空間における最大利得は，LFMA が 4.94 dBi，PIFA が 5.16 dBi であり，PIFA が若干高いことがわかった．

図 5.32 に，LFMA と PIFA の放射効率の測定結果を計算値とともに示す．放射効率の代表的な測定法には，アンテナを取り囲む全立体角にわたる放射電磁界を積分することによって全放射電力を求める，パターン積分法[39),40)]，アンテナの入力インピーダンス測定に基づく Wheeler cap 法[41)〜43)] や Q ファクタ法[44)]，被測定物を実使用状態で測定することを目的としたランダムフィールド法[45),46)] などがある．ここではパターン積分法を適用し，アンテナ系から放射された全放射電力の測定には，SATIMO 社の 3 次元放射指向性測定装置 Stargate64 を使用した[47)]．

両アンテナの放射効率の測定値は，計算値より低くなっているが，全体的に同様の傾向をみせている．これは効率測定の際に用いた測定ケーブルの影響に

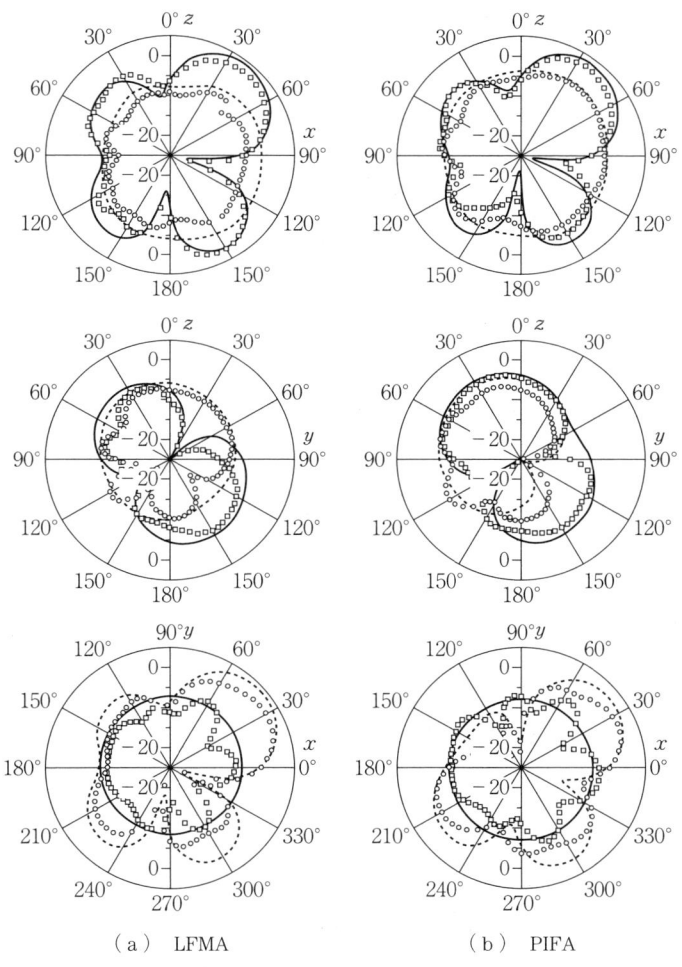

5.4 L字型折返しモノポールアンテナ

(a) LFMA (b) PIFA

図 5.31 放射特性 (2.07 GHz, dBi)

よるものであると考えられる。図より，共振が得られる帯域において，両アンテナの放射効率はほぼ同等であることが確認できる。2.05 GHz において測定された LFMA と PIFA の放射効率は，それぞれ 85.3%，86.2% であった。

表 5.8 各平面における平均利得,最大利得および放射効率

利得	平面	LFMA		PIFA	
		E_θ	E_ϕ	E_θ	E_ϕ
平均 〔dBi〕	xz	-1.20	-4.66	-1.95	-4.14
	yz	-6.65	-8.09	-5.73	-7.67
	xy	-7.84	-1.69	-7.48	-2.53
最大 〔dBi〕	xz	4.30	-1.98	3.64	-2.46
	yz	-3.21	-5.70	-2.41	-3.51
	xy	-7.29	4.05	-7.03	2.59

表 5.9 LFMA を基準としたときの平均利得差および最大利得差

	平均利得差〔dB〕			最大利得差〔dB〕		
	xz	yz	xy	xz	yz	xy
E_θ	0.74	-0.92	-0.35	0.66	-0.81	-0.25
E_ϕ	-0.52	-0.41	0.84	0.48	-2.19	1.46

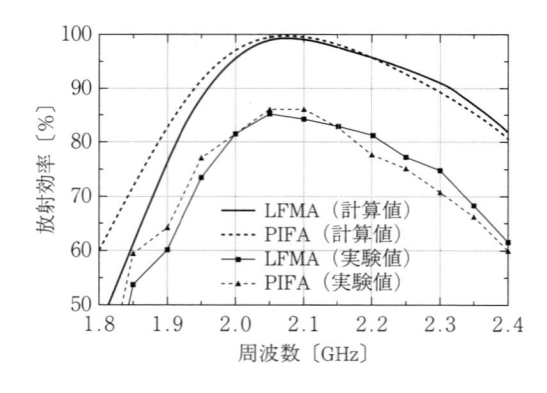

図 5.32 アンテナの放射効率

5.4.6 アンテナの小形化の定量的評価

ここまで,LFMA と PIFA の特性比較を行い,LFMA は PIFA の半分以下の物理的体積でありながら,PIFA と同等の帯域幅,放射特性および放射効率を持つことを確認した。アンテナの性能を定量的に評価する指標として,利得 G と帯域幅 B の GB 積を用いることができる。帯域幅はアンテナに接続する給電線の特性インピーダンスに依存するので,アンテナの Q 値を帯域幅の代わ

5.4 L字型折返しモノポールアンテナ

りに用いて G/Q として評価する。文献 48) では，水平面内無指向性アンテナに対して，球座標系で展開された電磁界表現を用い，アンテナを取り囲む半径 a を導入し，理論的な下限 Q 値を導いている。この Q 値を導出する過程で用いた半径 a の球を，小形アンテナの大きさの指標に使うことができる[49]。しかしながら，複数の小形アンテナの性能を比較し，どのアンテナが最も効率よく小形化されているかを評価する際，実際用いられるアンテナの形状は千差万別であり，単純な球で比較することは難しい。

ここでは，アンテナの小形化を定量的に評価するため，文献 38) を参考に，アンテナの小形化を表す指標として経験的な実験則として定義されている次式を用いて検討を行う。

$$C = V_e \frac{Q}{G\eta} \tag{5.19}$$

上式で V_e はアンテナの電気的な体積，Q はアンテナの Q 値，G は利得，η は放射効率であり，C の小さいアンテナほど効率良く小形化されていると評価できる。この電気的な体積 V_e をどのように定義するかは，大きな課題として残っているが[50]，本研究におけるアンテナの電気的な体積 V_e は，LFMA および PIFA が同寸法のグランド板を用いていることから，それぞれのアンテナの物理的体積を考え，波長の3乗で規格化して求める。

図 5.33 に $+z$ 方向からみた，LFMA と PIFA の占有面積を示す。図 (a) は LFMA のみ，図 (b) は LFMA を含む長方形，図 (c) は PIFA のみを示す。こ

（a） LFMA　　（b） LFMA を含む長方形　　（c） PIFA

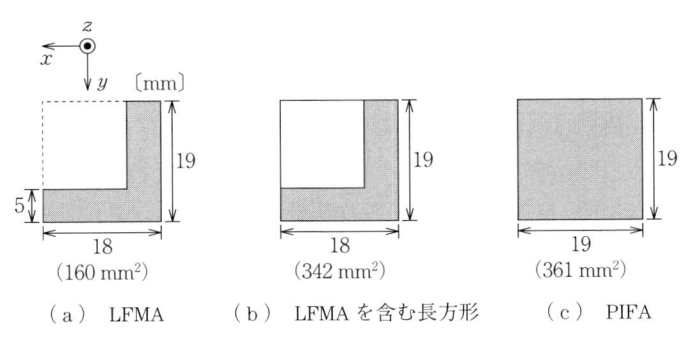

図 5.33　$+z$ 方向から見た各モデルの占有面積

こでは xy 平面のみを示しているが，アンテナの高さ 7 mm を乗じて体積を求める．LFMA は，アンテナ周辺の影響を受ける場合も考慮して，LFMA が占有する物理的体積および LFMA を含む直方体の物理的体積の 2 通りを検討する．

またアンテナの Q 値は，文献 51) より，以下の式を用いて求める．

$$BW = \frac{S-1}{Q\sqrt{S}} \quad (5.20)$$

ここで，S は所望の定在波比（VSWR）であり，BW は所望の VSWR（=2）における帯域幅である．

表 5.10 に小形化の評価量 C を計算した結果を示す．小形化の評価量 C は LFMA を含む直方体を考慮した場合でも，PIFA のほうが大きくなっており，LFMA は PIFA より効率良く小形化したアンテナであるといえる．なお，LFMA の利得および効率は PIFA よりも小さくなっており，小形化のかわりに利得や効率を犠牲にしていると考えられるが，それよりも小形化の効果が優れていると評価できる．

表 5.10　LFMA と PIFA における小形化の評価量

	(a) LFMA	(b) LFMA	(c) PIFA
電気的な体積（V_e）	0.000 4	0.000 8	0.000 9
Q	3.66	3.66	4.06
利得（G）	3.12	3.12	3.28
効率（η）	0.853	0.853	0.862
C	0.000 6	0.001 1	0.001 3

5.4.7　ま　と　め

本文では，複数のアンテナ素子を用いるマルチアンテナシステムに適した，低姿勢・省スペースかつ小形なアンテナ素子として，L 字型折返しモノポールアンテナ（LFMA）を提案し，その特性解析を行った．まず，LFMA 素子形状のモデリングを行い，モノポールアンテナと基本特性を比較し，その有用性を確認した．つぎに，LFMA の構造パラメータによる入力インピーダンス特性の

変化を調べ，広帯域特性を可能にするパラメータを見出すとともに，そのアンテナ特性（インピーダンス特性，電流分布特性，放射特性）を，携帯端末用内蔵アンテナとして一般的な板状逆Fアンテナ（PIFA）と比較した．さらに，アンテナにおける小形化の評価量を用い，LFMAの小形化を定量的に評価した．

（1） LFMAは，折返しダイポールアンテナをグランド板上で水平に折り曲げ，低姿勢化および省スペース化したU字型折返しダイポールアンテナを給電部にて半分にすることで，さらなる小形化を実現している．また，モノポールアンテナとの比較により，グランド板に近接した低姿勢化に有利であることがわかった．

（2） 構造パラメータの検討により広帯域特性が得られたLFMAについて，PIFAとの性能比較を理論的，実験的に行った．その結果，LFMAの物理的体積はPIFAの約44%で半分以下の大きさでありながら，比帯域は約19%で，同等の帯域幅を持つことを確認した．また，放射特性および効率の比較からも，PIFAとほぼ同等の性能を有することがわかった．

（3） LFMAの小形化を，評価量であるCを用いて，定量的に検討した．小形化の評価量は，LFMAを含む直方体を考慮した場合でもPIFAのほうが大きくなっており，LFMAはPIFAより効率良く小形化したアンテナであることを確認した．

6 最近の小形アンテナの動向

　最近の小形アンテナの動向として，RFID（radio frequency identification）用アンテナと，EBG（electromagnetic band-gap structure）構造を含むメタマテリアルを用いたアンテナの小形化技術を紹介する。

6.1　RFID用小形アンテナ

6.1.1　RFIDの概要[1]

　RFIDとは，Radio Frequency Identificationの略で，無線によるID識別機能を有するものである。RFIDタグは電池の有無により，パッシブタグ，アクティブタグ，セミパッシブタグに分けられる。パッシブタグは電池がないもので，電磁誘導方式とマイクロ波方式に分けられる。アクティブタグは，電池を持っていて一方的にIDを発信するものであり，電池は持っているがトリガを与えないと発信しないものをセミパッシブタグと呼ぶ。

　RFID市場は，全米において約9億ドル規模で，いまも急成長を続けている。小形で再利用可能なパッシブタグの普及により，バーコード市場は近年頭打ち傾向にある。一方，日本における商用タグはパッシブタグが主流であり，バーコードの代わりとして数十億個以上が使用されている。

　パッシブタグの動作原理は，リーダが電磁波を出し，これをタグの側で検波して動作電力とし，IDをリーダに送り返すというものである。したがって，タグ側には磁界を電流に変えるコイルが必要になる。

　図6.1に示すのはHF帯パッシブタグの例である[2]。図（a）はガラス管封入

6.1 RFID 用小形アンテナ　　139

（a）ガラス封入型　　　　（b）航空手荷物管理システム
図 6.1　HF 帯パッシブタグの例（コイル）

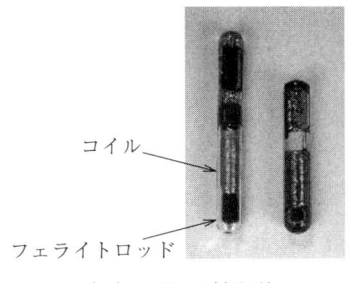

型タグであり，動物の個体識別を目的に使用され，フェライトロッドアンテナが用いられる．図（b）は航空手荷物管理システムであり，13.56 MHz 帯のコイル，またはループアンテナが用いられる．タグの構成回路としては，リーダからタグに電磁エネルギーを供給し，タグでは，ダイオードにより電力を再生する．また，電界効果トランジスタ（field effect transistor, FET）による負荷のオン，オフにより変調波を返信することができる．タグでの変調技術としては，振幅偏移変調（amplitude shift keying, ASK），周波数偏移変調（field shift keying, FSK）が用いられる．タグでは，リーダからの搬送波をメモリに書き込まれた情報で変調し，リーダに対して反射することにより情報を返信する．

　超小形 RFID チップは従来の非接触 IC カードと異なり，紙やフィルムに埋め込まれて，さまざまな物品に貼り付けられることが多い．0.3 mm 角の IC チップタグである「ミューチップ」を小形のマイクロ波に搭載するために，チップ構造から検討を行い，大量のチップを同時に扱うことができる未来型アンテナ接続が検討されている[3]．ミューチップでは，表面と裏面に 1 個ずつ電極を持つ両面電極デバイス構造が可能となり，チップの回転や厳密な位置合わせを考慮しないでアンテナ接続ができる．

　また，チップの電極は異方導電性接着材によりアンテナと接続される．これらの技術を用いることで，多数の IC チップを砂粒のように扱い，同時に配列し，アンテナに転写するという手法を採用できるということになる．

6. 最近の小形アンテナの動向

表6.1に示すのは，通信距離によるタグの分類である。わが国では現在，欧米との共通の周波数帯である13.56 MHz帯および2.45 GHz帯が使用可能であるとともに，135 kHz帯も微弱無線局として利用されている。使用する周波数帯は，比較的長距離の通信が可能なUHF帯が注目されており，国際的にみてもUHF帯RFIDはISO標準の策定が行われ，各国において実用化が進められている。UHF帯RFIDタグ用アンテナとしては，**図6.2**に示すように，シングルダイポールアンテナ，デュアルダイポールアンテナが利用されている[4]。

わが国においては，総務省が平成17年4月，953 MHz帯のRFIDでの利用を認可した[5]。これをふまえUHF帯RFIDタグの国内動向について以下に述べる。経済産業省では電子タグ実証実験の推進を行っており，平成15年度では，4業界（家電，アパレル，出版，食品流通）で実証実験を実施した[6]。950〜

表6.1 通信距離によるタグの分類

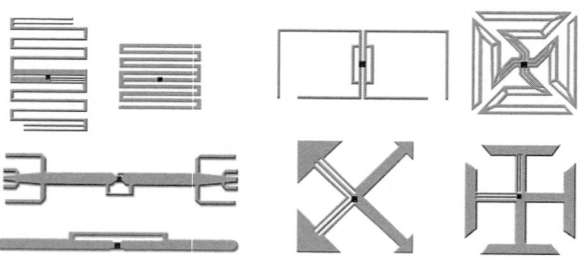

方式	領域	周波数	通信距離	用途
準静電磁界方式	極近傍界	125-135 kHz	R<1 m	動物用 アクセス管理 物流
電磁誘導方式	近傍界	13.56 MHz	R<70 cm	物流 公共輸送
マイクロ波方式	遠方界	915 MHz（米国） 953 MHz（日本） 2.45 GHz 5.8 GHz	R<数 m	コンテナ管理 ETC
光方式	近赤外光	タグ材料の固有波長	R<1 m	バーコード

(a) シングルダイポール　　(b) デュアルダイポール

図6.2 RFIDタグ用アンテナの例

956 MHz 帯リーダライタの性能を検証し，米国の周波数である 915 MHz に
チューニングされたタグでも，3～5 m 程度の読み取り距離が得られることが
わかった．本実証試験は，平成 16 年には 7 事業分野に拡大し，大量の製品を
扱う場合の処理能力や読取りエラーの対処などの課題に取り組んでいる．

　一方，国土交通省では，物流あるいは航空手荷物管理の高度化について検討
している．秋葉原物流効率化実行委員会は，秋葉原電気街において，共同配送
の実証実験を平成 16 年から段階的に実施し，実フィールドにおいて，実用化
に向けた読取装置，タグの性能・機能の評価・検証を行っている[7]．次世代空
港システム技術研究組合では，RFID 技術を応用した空港手荷物ハンドリング
の高度化と，陸空一貫した国際航空輸送システムの早期実現を図ることを目指
し，実証実験を行っている[8]．

　本節の構成を以下に示す．6.1.2 項では基本的電気特性の表示式を示し，効
率良くアンテナを機能させるための基本的な考え方を説明する．6.1.3 項では
基本的な小形アンテナである微小ダイポール，微小ループ，ノーマルモードヘ
リカルアンテナ，メアンダラインアンテナの電気特性の表示式と数値データを
示す．6.1.4 項では小形アンテナのさらなる小形化手法として，折返しアンテ
ナ構成，高誘電体装荷メアンダラインアンテナ，超小形ヘリカルアンテナにつ
いて説明する．

6.1.2　小形アンテナの主要電気定数[9]

　無線機とアンテナの等価回路を**図 6.3** に示す．無線機の送信電力を P_0，給
電線とアンテナのインピーダンス不整合により生ずる反射電力を P_{ref}，アンテ
ナの入力電力を P_{in}，アンテナからの放射電力を P_r，導体による損失電力を
P_l，リアクタンスによる蓄積電力を P_c とする．図において，給電線側からア
ンテナをみた場合のインピーダンス Z_{in} は，次式である．

$$Z_{in} = R_r + R_l + jX \tag{6.1}$$

ここで，R_r，R_l，jX はそれぞれ放射抵抗，導体抵抗，リアクタンス成分であ
る．利用周波数でリアクタンス成分が 0 となるようにアンテナを設計したとす

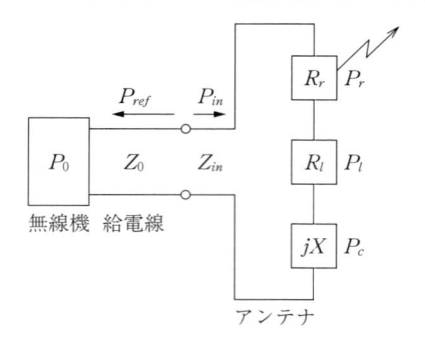

図 6.3 無線機とアンテナの等価回路

ると

$$P_r = P_{in} - P_l \tag{6.2}$$

$$P_{in} = P_0 - P_{ref} \tag{6.3}$$

となる．したがって，アンテナの放射効率は次式で与えられる．

$$\frac{P_r}{P_{in}} = \frac{P_r}{P_r + P_l} = \frac{R_r}{R_r + R_l} \tag{6.4}$$

導体抵抗が放射抵抗に比して小さい場合，放射効率はほぼ100%となるが，小形アンテナにおいては $R_r < R_l$ となる場合が多く，放射効率は低下する．小形アンテナの設計においては，導体抵抗を具体的に求めることが重要となる．

また，アンテナへの入力電力 P_{in} は，アンテナと給電線のインピーダンス整合が取れていないと反射 P_{ref} により低減される．無線機の出力 P_0 に対するアンテナの入力電力 P_0 の比は，電圧の反射係数 Γ を用いると次式となる．

$$\frac{P_{in}}{P_0} = 1 - |\Gamma|^2 \tag{6.5}$$

$$\Gamma = \frac{Z_{in} - Z_0}{Z_{in} + Z_0} \tag{6.6}$$

図 6.4 に示す平板上の導体形状において，高周波電流は表皮厚にほとんどが存在すると仮定されるため，導体抵抗は次式により表される．

$$R_l = \frac{L}{2(t+W)\delta} \frac{1}{\sigma} \tag{6.7}$$

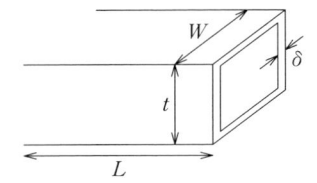

図 6.4 導体抵抗計算の諸元

$$\sigma = \sqrt{\frac{2}{\omega\mu\delta}} \tag{6.8}$$

ここで，L は導体全長，t は導体厚さ，W は導体幅，δ は表皮厚，μ は透磁率，σ は導電率である。

6.1.3 超小形アンテナの実例

（1）微小ダイポールアンテナ

基本的な小形アンテナの代表的なものとして，微小ダイポールアンテナがある。アンテナの構造と座標系を**図 6.5**に示す。アンテナは原点位置を中心として，z 軸上に配置されている。アンテナの長さは l で表され，波長に比して十分小さい。アンテナには電流 I が等振幅で流れているものとする。また観測点の位置を P で表している。

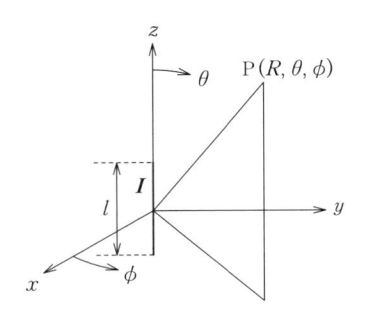

図 6.5 微小ダイポールアンテナの構造

アンテナから距離が R だけ離れた位置での放射電磁界は，つぎの各式で表される。十分遠方での放射電磁界は E_θ と H_φ となる。また，$E_\theta / H_\varphi = k / \omega\varepsilon = \eta_0$ の関係がある。

$$E_R = \frac{Ile^{-jkR}}{j2\pi\omega\varepsilon}\left(\frac{1}{R^3} + \frac{jk}{R^2}\right)\cos\theta \tag{6.9}$$

$$E_\theta = \frac{Ile^{-jkR}}{j4\pi\omega\varepsilon}\left(\frac{1}{R^3} + \frac{jk}{R^2} - \frac{k^2}{R}\right)\sin\theta \tag{6.10}$$

$$H_\varphi = \frac{Ile^{-jkR}}{4\pi}\left(\frac{1}{R^2} - \frac{jk}{R}\right)\sin\theta \tag{6.11}$$

通常利用される小形アンテナでは，電流がアンテナの両端で0になるようなテーパ状の振幅を持っているため，アンテナの実効長が1/2となり，放射抵抗R_rとリアクタンスXは次式で表される。ここで，dはアンテナ導体の直径である。

$$R_r = 20\pi^2\left(\frac{l}{\lambda}\right) \tag{6.12}$$

$$X = -\frac{120\left(\ln\left(\frac{l}{d}\right) - 1\right)}{\tan\left(\frac{\pi l}{\lambda}\right)} \tag{6.13}$$

ここで，アンテナ長（$l/\lambda = 0.1$），$d/\lambda = 0.001$とすると，放射抵抗は2Ω，リアクタンスは-1.330Ωとなる。

（2）微小ループアンテナ

もう一つの代表的な小形アンテナとして，微小ループアンテナがある。アンテナの構造と座標系を図6.6に示す。ループには一様な電流Iが流れており，

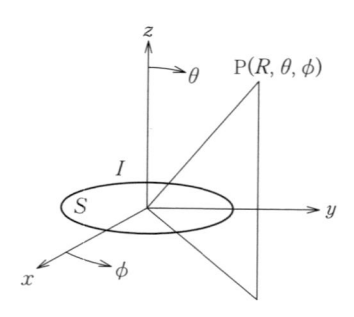

図6.6 微小ループアンテナの構造

ループの面積を S とする.面積が波長に比して十分に小さい場合,微小ループアンテナは微小磁気ダイポールと等価であると扱われる.微小磁流 J_m は次式で表される.

$$J_m = \mu I S \tag{6.14}$$

式 (6.14) を放射源として放射電磁界を求めると,微小ダイポールによく似たつぎの各式が得られる.十分遠方での放射電磁界は H_θ と E_φ となる.また,$E_\varphi / H_\theta = \omega \mu / k = \eta_0$ の関係がある.

$$H_R = \frac{ISe^{-jkR}}{2\pi}\left(\frac{1}{R^3} + \frac{jk}{R^2}\right)\cos\theta \tag{6.15}$$

$$H_\theta = \frac{ISe^{-jkR}}{4\pi}\left(\frac{1}{R^3} + \frac{jk}{R^2} - \frac{k^2}{R}\right)\sin\theta \tag{6.16}$$

$$E_\varphi = -\frac{j\omega\mu ISe^{-jkR}}{4\pi}\left(\frac{1}{R^2} + \frac{jk}{R}\right)\sin\theta \tag{6.17}$$

放射抵抗は,放射電力 E^2/η_0 を全空間にわたり積分し,I^2 で割ることにより求まり,次式となる.

$$R_r = 20(k^2 nS)^2 = 31{,}200\left(\frac{nS}{\lambda^2}\right)^2 \tag{6.18}$$

ループを半径 a の円とし,導線の半径を b としたとき,放射抵抗とリアクタンスは次式で与えられる.

$$R_r = 320\pi^6\left(\frac{a}{\lambda}\right)^4 n^2 \tag{6.19}$$

$$X = \omega L = 120\pi^2 \frac{a}{\lambda}\left(\ln\left(\frac{8a}{b}\right) - 1.75\right) \tag{6.20}$$

ここで,1回巻きループ ($n=1$),$b=\lambda/100$,ループの半径を $5/100$ 程度とすると,放射抵抗は $2\,\Omega$,リアクタンスは $300\,\Omega$ となる.効率的に放射電力を得るためには,コンデンサなどの容量性の素子を付加して,リアクタンス成分を打ち消す必要がある.

(3) ノーマルモードヘリカルアンテナ[10]

図 6.7 にノーマルモードヘリカルアンテナ(NMHA)の基本構造と電気的等

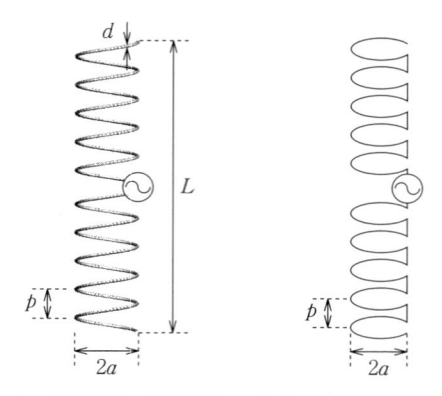

146   6. 最近の小形アンテナの動向

（a） 基本構造（N巻き）　（b） 電気的等価構造

図 6.7　ノーマルモードヘリカルアンテナの構造

価構造を示す。波長に比して，L，aが十分に小さい場合には，電波の主放射方向がコイル軸に垂直な方向になるため，ノーマルモードと呼ばれる。電気的には図（b）のように，微小直線よりなる放射部と微小ループよりなる放射部の合成と考えることができる。

　まず，本構造の共振条件を図 6.8 に示す。興味深いことは，半径 a がほとんど変化しないで自己共振ができることである。すなわち，コイルバネを伸び縮みさせるように変化させることで，さまざまなアンテナ長を実現できる。つぎ

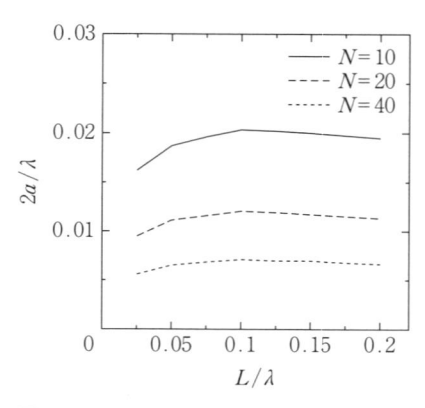

図 6.8　ノーマルモードヘリカルアンテナの共振条件

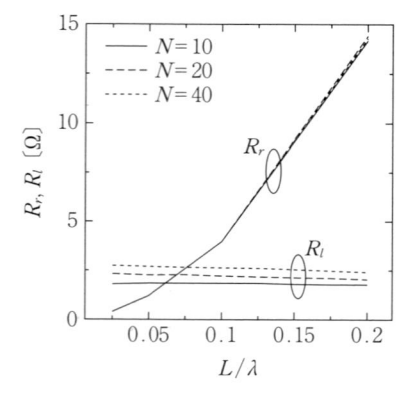

図 6.9　ノーマルモードヘリカルアンテナの放射抵抗および導体抵抗

に,放射抵抗および導体抵抗の計算結果を図6.9に示す.図で注目に値することは,導体抵抗R_lがLに依存しないということである.これは図6.8の共振条件で,NMHAの導線の全体長がLに依存しないためである.

(4) メアンダラインアンテナ[11]

メアンダラインアンテナは,図6.10に示すように,導線を折り曲げてクランク状に構成した構造を有する.アンテナの構造パラメータとしては,アンテナ長L,アンテナ幅W,折曲げの段数N,導線幅d,導線間隔sがある.このアンテナの特徴は,共振するために必要なアンテナ長Lを小さくできることである.また,同一のアンテナ長を有する微小ダイポールアンテナに比して,入力抵抗値を大きくできる点にある.しかし,アンテナ長が0.15波長以下になると導体抵抗R_lが入力抵抗R_{in}の大半を占めるようになり,アンテナ効率が著しく低下する.

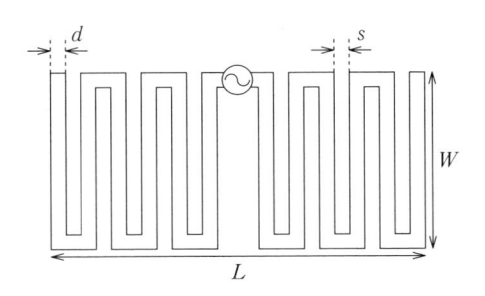

図6.10 メアンダラインアンテナの構造

まず,アンテナを利用する際に必要となる,構造諸元の計算結果を図6.11に示す.計算には,モーメント法を用い,共振周波数は700 MHzとしている.アンテナを構成する金属導体の線幅は$d=0.1$ mmとする.アンテナ長Lとアンテナ幅Wを与えると,段数Nを適切に選定することにより共振する(入力インピーダンスにおいてリアクタンス成分が0になる)構造を得ることができる.

各構造におけるアンテナの入力インピーダンスと導体抵抗の計算値を図6.12に示す.導体の線幅を$d=3$ mmとした.導体抵抗値は式(6.21)に示さ

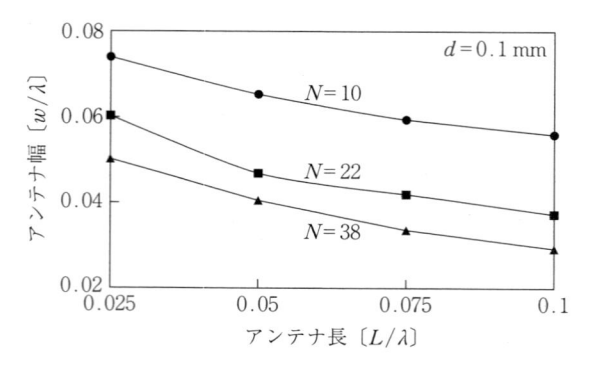

図 6.11 メアンダラインアンテナの構造諸元

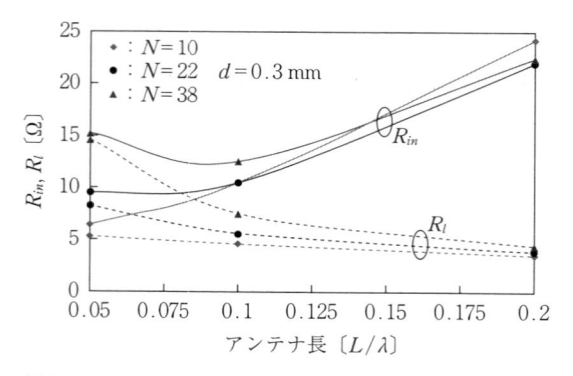

図 6.12 メアンダラインアンテナの入力抵抗と導体抵抗

れるように，導体の導電率を銅の値 σ_c とした場合の入力抵抗値から，導電率を無限大 $\sigma=\infty$ とした場合の入力抵抗値を差し引いて求めた．この場合，放射抵抗値 R_r は，導電率を無限大 $\sigma=\infty$ としたときの入力抵抗の値となる．

$$R_l = R_{in}(\sigma_c) - R_{in}(\sigma=\infty) \tag{6.21}$$

図 6.12 から，段数 N が大きくなるほど，またアンテナ長 L が小さくなるほど導体抵抗 R_l が大きくなることがわかる．これは，アンテナ長 L が小さくなると導体の全長が長くなるためである．また，アンテナ長 L が 0.1 波長以下では入力抵抗 R_{in} の大部分が導体抵抗 R_l となっていることもわかる．

6.1.4 超小形アンテナのさらなる小形化

（1） 折返しアンテナ構成[11]

小形アンテナにおいては，アンテナ長を小さくするに伴い，入力抵抗が急激に低下することがわかった。入力抵抗を効果的に上昇させる方法として，折返しアンテナ構成がある。これは，基本ダイポールアンテナに並列して導体線を配置するものである。

折返し構造において，入力抵抗 R_{in} に含まれる放射抵抗 R_r と導体抵抗 R_l の値を求めて，図 6.12 の値との比較によりステップアップ比を求めた結果を，**図 6.13** に示す。ここでも，導体抵抗値は式 (6.21) の関係式により算出した。折返し型の入力抵抗 $R_{in}(f)$ は基本型の入力抵抗 $R_{in}(o)$ よりも大きな値を示しているのがわかる。ここで放射抵抗の値はグラフの直線と破線の差となり，基本型の $R_r(o)$ と折返し型の $R_r(f)$ を比較すると，約 4 倍程度のステップアップ比がすべてのアンテナ長において得られた。つぎに導体抵抗のステップアップ比は，基本型の $R_l(o)$ と折返し型の $R_l(f)$ を比較すると，すべてのアンテナ長において 2 倍程度になっていることがわかる。

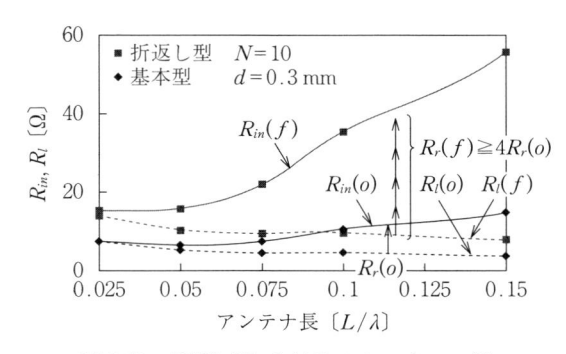

図 6.13 折返し型におけるステップアップ比

図 6.14 には，段数 N を変えた際の抵抗値の変化を示す。N を 10，22，38 として，アンテナ長 L を 0.05λ から 0.15λ まで変化させた。放射抵抗 R_r については，すべての L において N を変えても値が変化せず，N は R_r の増加に寄与しないことがわかる。アンテナ長の短縮につれ，放射抵抗は大きく減少す

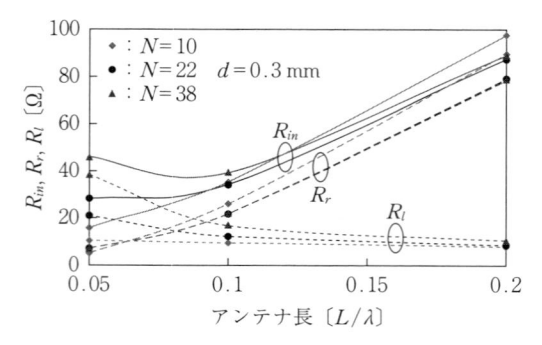

図 6.14 折返し型における抵抗値の変化

る。導体抵抗 R_l については，導体全長が N により変化するため，N の増大とともに大きくなる。重要な特性として，導体抵抗が放射抵抗よりも大きくなる点が存在することがあげられる。N が大きいほど，交差点はアンテナ長の長い所で生じている。N が大きいほど小形化が可能であるが，放射効率の低下も大きいことがわかる。

（2） 高誘電体装荷メアンダラインアンテナ[12)～15)]

基本型メアンダラインアンテナの形状を**図 6.15** に示す。アンテナ長を L，アンテナ幅を W で表す。本検討では，導体幅と導体間隔を等しくとり，d としている。折曲がり部の総和を N とする。図の場合 $N=10$ である。このメア

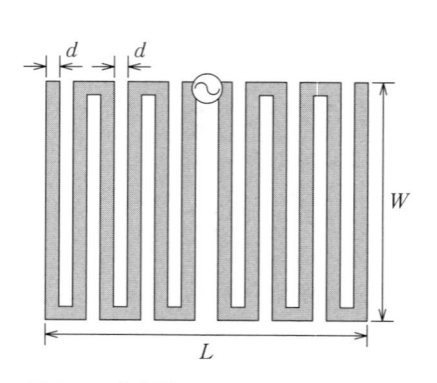

図 6.15 基本型メアンダラインアンテナ ($N=10$)

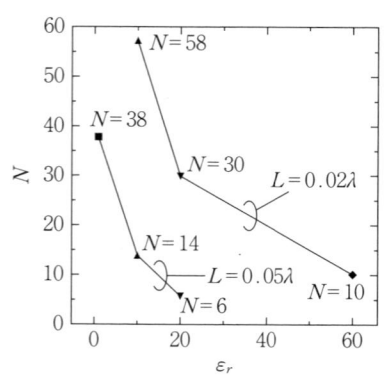

図 6.16 誘電体装荷メアンダラインアンテナの自己共振条件

6.1 RFID用小形アンテナ

ンダラインアンテナの両側に，厚さ h の誘電体基板が装荷される．モーメント法による計算では，誘電体基板は無限の大きさを仮定する．

図6.16に示すのは，誘電体装荷メアンダラインアンテナの自己共振条件（入力インピーダンスが純抵抗となる状態）であり，装荷する誘電体材料の比誘電率 ε_r が高くなると，N は減少することがわかる．$L=0.05\lambda$，$W=0.04\lambda$ の場合，$\varepsilon_r=10$ のとき $N=14$ となり，$L=0.02\lambda$，$W=0.016\lambda$ の場合，$\varepsilon_r=10$ のとき $N=58$ となる．比誘電率 ε_r を増加することでクランク数 N を大幅に減少できることがわかる．図6.17に示すのは重ね型メアンダラインアンテナであり，アンテナは間隔 g で重ねられるものとし，アンテナ長を L，アンテナ幅を W で表す．図6.18に示すのは誘電体装荷重ね型メアンダラインアンテナであり，アンテナ間隔 g の部分には厚さ g の誘電体が装荷され，アンテナの上下には厚さ s の誘電体が装荷される．パラメータ g を適宜選択することで自己共振条件が決定される．

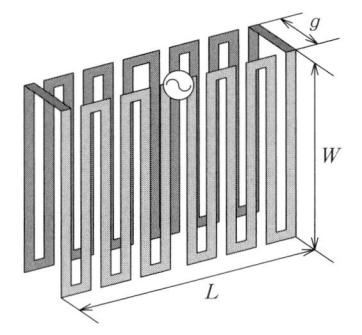

図6.17 重ね型メアンダラインアンテナ　　図6.18 誘電体装荷重ね型メアンダラインアンテナ

図6.19に 700 MHz 帯における $\varepsilon_r=1\sim 60$ 装荷時の放射抵抗を示す．導体の厚さ t は 0.035 mm であり，誘電体基板の厚さはそれぞれ $h=1.0$ mm, $g=2.0$ mm, $s=1.0$ mm である．計算にはモーメント法による電磁界シミュレータを用いた．自己共振時の入力抵抗 R_{in} は次式で表される．

$$R_{in} = R_r + R_l \tag{6.22}$$

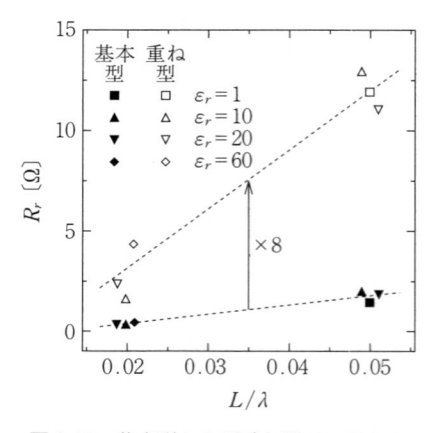

152   6. 最近の小形アンテナの動向

図 6.19 基本型および重ね型アンテナの放射抵抗

図 6.20 基本型および重ね型アンテナの導体抵抗

図から，R_r は L/λ により決定され，ε_r には依存しないことがわかる。また，重ね型による R_r のステップアップ比は 8 となる。一方，折返し型の場合，R_r のステップアップ比の理論値は 4 であるので，重ね型ではステップアップ比の増加が確認できる。これは，二つのメアンダラインアンテナ間の相互結合の影響によるものと考えられる。

図 6.20 に 700 MHz 帯における $\varepsilon_r = 1 \sim 60$ 装荷時の導体抵抗を示す。導体抵抗 R_l は次式で与えられる。

$$R_l = \frac{L_t}{2(d+t)}\sqrt{\frac{\omega\mu}{2\sigma}} \tag{6.23}$$

ここで，L_t は導体の全長，$\omega = 2\pi f$（f は周波数），σ は導電率，μ は透磁率である。$L = 0.02\lambda$ の場合，装荷する誘電体基板の ε_r は 10 から 60 まで増加することができる。これはクランク数 N を 58 から 10 まで減少できることに対応する。これに伴い導体幅 d は 0.07 mm から 0.35 mm に広げることができるので，R_l の縮小率は $1.4/19.1 = 1/13.6$ となる。また，重ね構造の効果により R_l のステップアップ比は 2 となり，折返し構造の理論値と一致する。**図 6.21** に示すのはメアンダラインアンテナの放射効率 η であり，η は次式で表される。

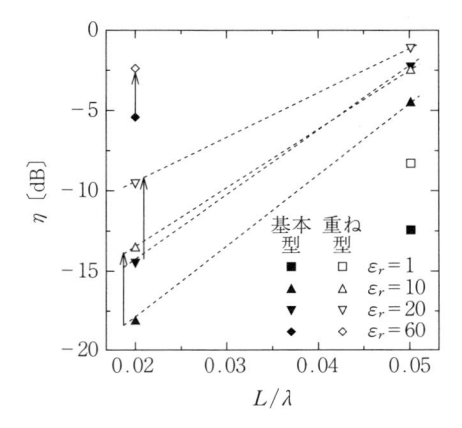

6.1 RFID用小形アンテナ   153

図 6.21 基本型および重ね型アンテナの放射効率

$$\eta = \frac{R_r}{(R_r + R_l)} \tag{6.24}$$

図から $L=0.05\lambda$, $\varepsilon_r=20$ のとき $\eta=-1.1$ dB, $L=0.02\lambda$, $\varepsilon_r=60$ のとき $\eta=-2.4$ dB となる。0.02波長および0.05波長メアンダラインアンテナにおいて，高誘電率材料の装荷による高効率化の実現性が確認できる。

（3） 超小形ヘリカルアンテナ[10]

図 6.22 は，折返し型 NMHA の構成を示す。自己共振に関しては，オリジナ

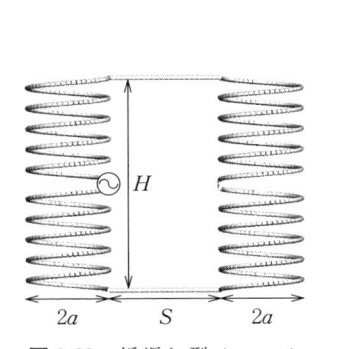

図 6.22 折返し型ノーマルモードヘリカルアンテナ

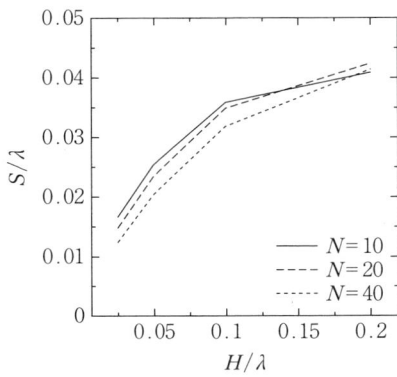

図 6.23 折返し型ノーマルモードヘリカルアンテナの共振条件

ル NMHA の構成パラメータが有効である。ここで，二つの NMHA の距離 S は，共振のための重要なパラメータである。

図 6.23 は，共振条件を与える S を示す。H 値の減少に伴って，S 値は小さくなる。二つの NMHA の電流分布は，オリジナル NMHA と同じようになる。このことは，折返し構造の効果が期待できることを意味している。

図 6.24 は基本型 NMHA と折返し型 NMHA において，$0.025\lambda \sim 0.2\lambda$ に対する放射抵抗と導体抵抗を示す。それぞれ，基本型と折返し型の導体抵抗は，R_{lo} と R_{lf} によって表す。放射抵抗は，R_{ro} と R_{rf} によって表す。R_{lf} と R_{lo} の関係は $R_{lf} \cong 2R_{lo}$ に表される。しかし，R_r の値は巻数 N に依存する。H が短くなると放射抵抗 R_r は減少する。R_{rf} と R_{ro} の関係は $R_{rf} \cong 4R_{ro}$ で表される。折返し構造を用いたことによる，R_l と R_r の変化は理論値によく一致する。H= 0.025λ の非常に小さいアンテナでは，N=10 のとき，R_{rf}=1.6 Ω と R_{lf}=3.7 Ω を得る。R_l と R_r を利用して，アンテナ効率 η は，式 (6.24) によって計算される。

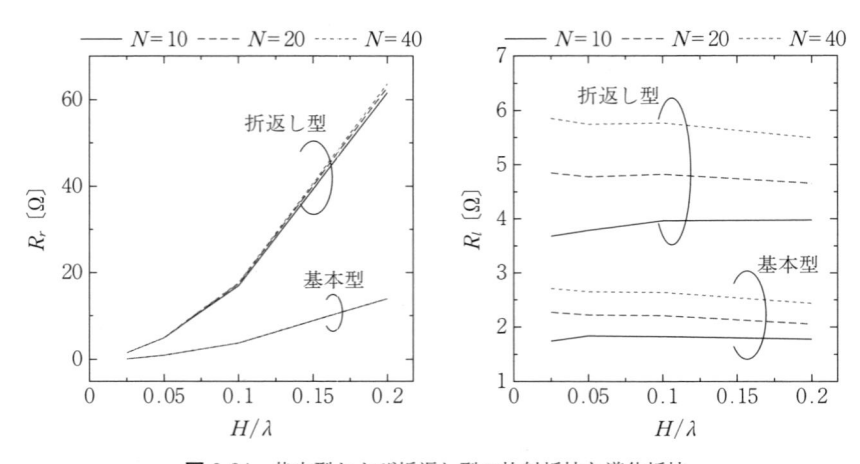

図 6.24 基本型および折返し型の放射抵抗と導体抵抗

図 6.25 は基本型 NMHA と折返し型 NMHA のアンテナ効率 η と利得 G を示す。H=0.025λ のとき，折返し NMHA 構造の η は基本型 NMHA に対して 2.3 dB 増加する。図のアンテナ利得 A_g は $A_g = \eta - L_r + 2.15$ の関係によって計算

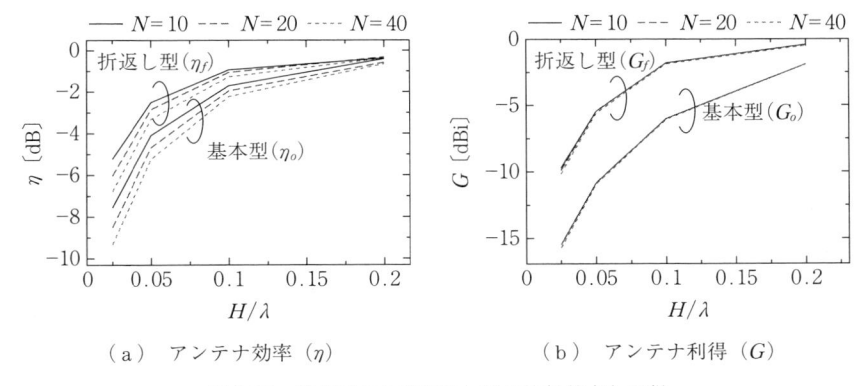

図 6.25 基本型および折返し型の放射効率と利得

される。ここで，L_r はアンテナ入力ポートでの反射損失を表す。折返しNMHA 構造の A_g は，基本型 NMHA より 5.8 dB 増加する。

6.2 メタマテリアルを用いたアンテナの小形化技術

6.2.1 はじめに

近年，フォトニック結晶，電磁バンドギャップ構造（**EBG 構造**：electromagnetic band-gap structure），高い透磁率，誘電率を持つ Magneto-Dielectric 人工材料，負屈折材料（double negative materials, **DNG**）[16]などの人工的に合成された，従来にない新しい特性ロスを有する電磁材料に関する研究が盛んに進められている。DNG 材料は，**LH 材料**（light-handed materials），NIR 材料（negative index of refraction materials）とも呼ばれている。これら電磁材料は，おもに，周期的に配列された透磁率，誘電率の異なる複数の材料や，ある特殊な形状を有する金属パターンで構成されており，広い意味で**メタマテリアル**と呼ばれている。

メタマテリアルは，自然界にない新しい電磁特性を示すことから，アンテナやマイクロ波回路の分野において広く応用が期待されている。ここでは，EBG 構造，Magneto-Dielectric 材料，および LH 材料を利用してアンテナの小形化

を検討した例について，以下に示す．最後に，DNG材料を用いたアンテナの小形化の可能性について述べる．

6.2.2 EBGグランドを用いたアンテナの小形化

導体グランド板上に設置されたアンテナにおいて，そのアンテナ高を1/4波長以下に低くする場合，導体グランド板に平行なアンテナ素子部分では，そのイメージ電流がアンテナ素子の電流を打ち消すため，入力特性，利得，軸比特性などのアンテナ特性が大きく低下する．このようなタイプのアンテナの高さを1/4波長以下に小形化することは容易ではない．しかしながら，EBGグランドを用いることにより，アンテナの特性を低下させることなく，アンテナの低姿勢化を実現することができる．

（1） EBGグランド

EBGグランドとして代表的なものとして，Sievenpiperらによって提案されたマッシュルーム型EBGグランド[17]がある．図6.26に示されるように，誘電体基板の片面は導体グランド板であり，他面は，狭い間隔gだけ離して配置された複数のパッチ素子で構成され，その中心は導体グランド板に短絡されている．EBGグランドの表面インピーダンスは，ギャップgで生じるキャパシタンスCと短絡ピンで生じるインダクタンスLの並列共振回路で表される．表面インピーダンスZは

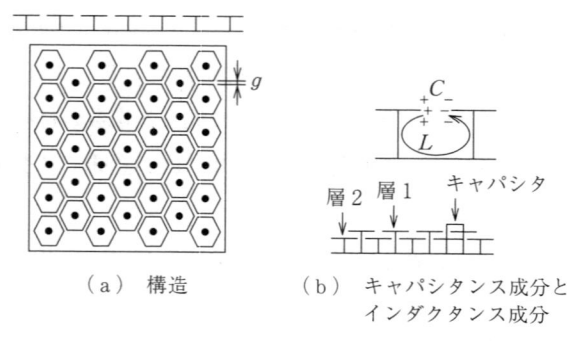

図6.26 マッシュルーム型EBGグランド[17]

$$Z = \frac{j\omega L}{1-\omega^2 LC} \tag{6.25}$$

で表される[17]。共振周波数 $\omega_0 = \sqrt{LC}$ 近辺において，高い表面インピーダンスが実現される。

このときのEBGグランドの反射係数の位相特性を**図6.27**に示す。導体グランド板では，反射係数の位相は π となるが，EBGグランド板では，共振周波数 ω_0 付近では，ほぼ0となり，完全磁気グランド板として動作する。バンドギャップ特性を生じる周波数範囲で，反射係数の位相は $\pi/2$ から $-\pi/2$ の範囲で動作しており，この周波数帯域においては，逆相よりもむしろ同相で反射されている。この結果，導体グランド板に平行なアンテナ素子があってもイメージによる電波は打ち消さず，アンテナ特性の低下なしに，アンテナの低姿勢化が可能になる。EBGグランドでは，このほか，表面インピーダンスが高いため，そのグランド上を伝わる表面波の抑圧ができるという利点を有している。以下，EBGグランド上に設置されたアンテナの設計例を紹介する。

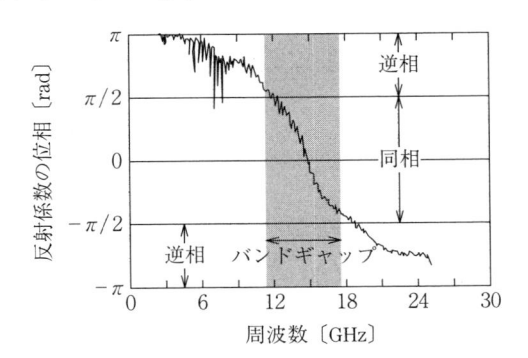

図6.27 マッシュルーム型EBGグランドの反射位相特性[17]

（2） EBGグランド上に配置されたワイヤアンテナの特性[18]〜[21]

ここでは，EBGグランド上に設置されたワイヤアンテナとして，ヘリカルアンテナの例について示す[18]。EBGグランドとしては，方形のマッシュルーム型EBGグランド板が用いられている。周期境界を用いた電磁界シミュレーションによるEBGグランドの設計については，文献19）に記載されており，

パッチ幅 W，間隔 g，比誘電率 ε_r，厚み B を変化させたときの反射係数などの詳細データが示されている．周波数 6 GHz で共振するように設計した EBG グランド（$W=0.2\lambda$，$g=0.02\lambda$，$\varepsilon_r=2.2$，$B=0.04\lambda$）の反射係数の位相特性を図 6.28 に示す．6 GHz で反射係数の位相はほぼ 0 となり，完全磁気グランドとして動作していることがわかる．この EBG グランド上に図 6.29 に示すようにスパイラルアンテナを設置する．導体グランド板からは，$h=0.1\lambda$，EBG グランド表面からは 0.06λ と，アンテナ素子が導体グランド板に近接して配置できる．1/4 波長以下の低姿勢化は，通常の導体グランド板では困難であるが，EBG グランドを利用することにより，スパイラルアンテナのアンテナ高さを 0.1λ 程度にまで低姿勢化できる．逆 F アンテナ図 6.30 やループアンテナ図 6.31 に関しても，低姿勢化が試みられており，文献 20)，21) に示されて

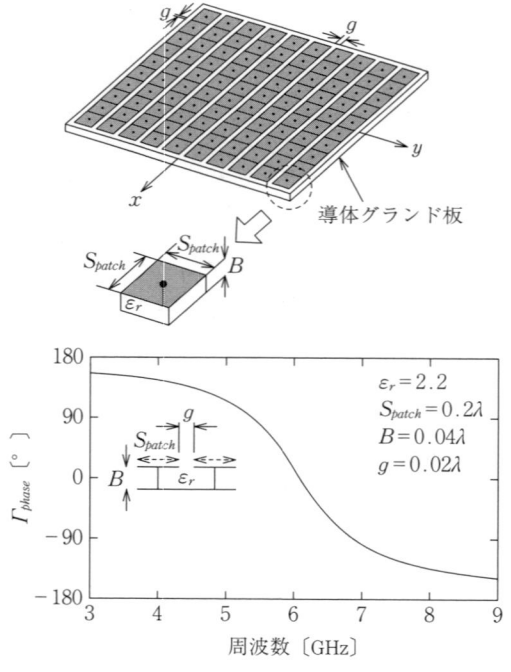

図 6.28 マッシュルーム型 EBG グランドの反射位相特性[19]

6.2 メタマテリアルを用いたアンテナの小形化技術　　159

図 6.29 EBG グランド上に配置されたスパイラルアンテナ[18]

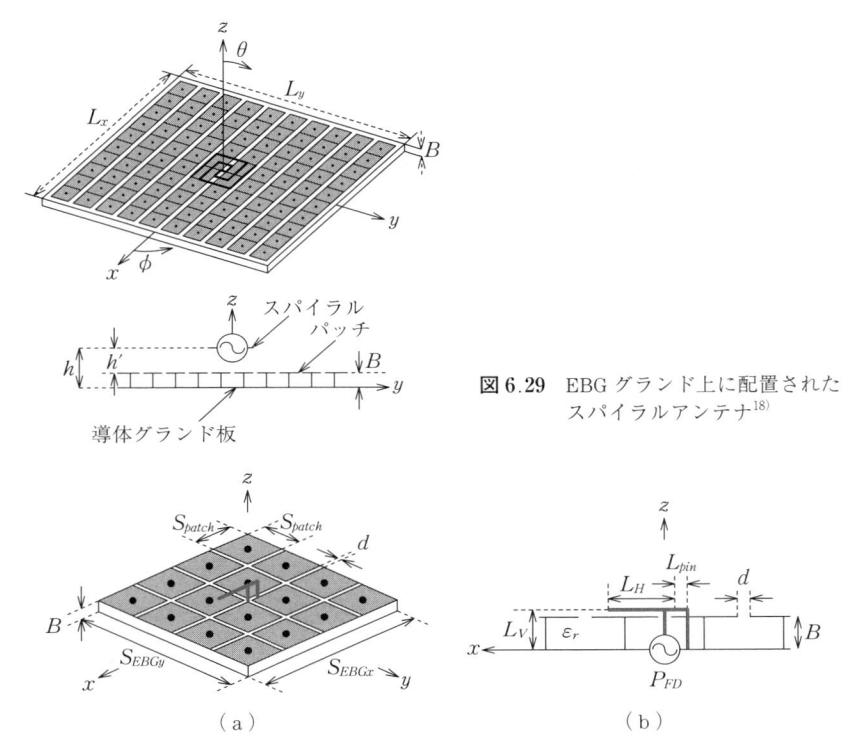

図 6.30 EBG グランド上に配置された逆 F アンテナ[20]

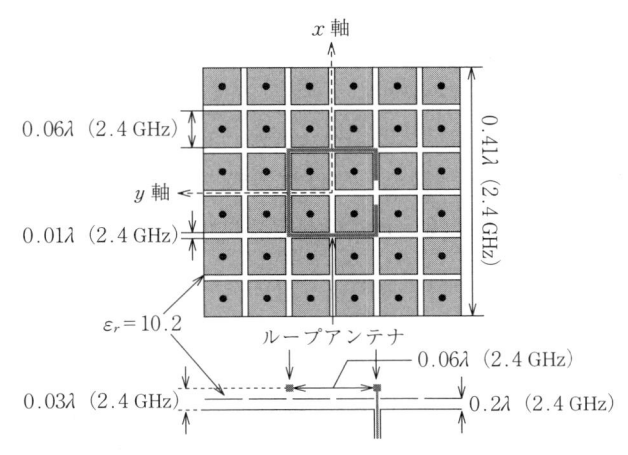

図 6.31 EBG グランド上に配置されたループアンテナ[21]

いる。特にループアンテナの場合では，アンテナ高は0.03λと，かなり低姿勢化されている。

6.2.3　**Magneto-Dielectric 人工材料を用いたアンテナの小形化**

（1）　スプリットリング共振器を用いた人工材料[22)~25)]

媒質中に，ある形状をした金属パターンを周期的に配置することにより，材料の比誘電率，比透磁率を変えられることが知られている。波長より小さい金属棒のアレーは，誘電体の役割を果たす。その比誘電率の周波数依存性は

$$\varepsilon_r(\omega) = 1 - \frac{\omega_p^2}{\omega(\omega + i\gamma)} \tag{6.26}$$

のように表すことができる。ここで，$\gamma \ll |\omega|$は損失を表す。プラズマ周波数ω_p以下で負誘電率を実現することができる。一方，比透磁率は，スプリットリング共振器と呼ばれる構造体をアレー状に並べることで制御できる。通常の磁気材料は，原子の磁気モーメントを利用しているが，ここでは磁気モーメントの起源である微小環状電流をマクロな構造でモデル化している。リングがインダクタンス成分，ギャップがリアクタンス成分の役割をしており，直列共振回路を形成している。比透磁率は，共振周波数ω_0近傍では，つぎのように表される。

$$\mu_r(\omega) = 1 - \frac{F\omega_0^2}{\omega^2 - \omega_0^2 - i\omega_0 \Gamma} \tag{6.27}$$

Γは損失，Fは素子の密度に比例する量である。ω_0と$\omega_{mp} = \sqrt{(1+F)}\omega_0$の間で$\mu_r$は負になる。その周波数近傍では比透磁率は大きく変化するため，数GHz以上の周波数においても，通常の材料では得られない高い比透磁率を実現できる。

（2）　アンテナの小形化への応用[26)]

マイクロストリップアンテナや平板逆Fアンテナなどでは，比較的高い比誘電率の材料を平板素子と導体グランド板の間に挟み，アンテナを小形化している。しかしながら，高い比誘電率の材料を用いると，誘電体材料の周辺に電

6.2 メタマテリアルを用いたアンテナの小形化技術

磁界が集中し，アンテナ効率が低下したり，帯域幅が狭くなるといった問題が生じる．また，誘電率の高い材料を用いると，アンテナのインピーダンス整合がとりにくくなる．

通常の材料では，比透磁率は自由空間とほぼ同じであるが，比透磁率の値も変化することができる Magneto-Dielectric 材料では，比誘電率 ε_r と比透磁率 μ_r の積 $\sqrt{\varepsilon_r \mu_r}$ の値で，アンテナの寸法を小形化できるという利点がある．さらに Magneto-Dielectric 材料の特性インピーダンス η は $\eta = \sqrt{\mu_r / \varepsilon_r}$ となるため，材料の周囲の媒質，つまり自由空間の特性インピーダンス η_0 に近くなるため，比誘電率だけが高い通常の誘電体材料より広い帯域で整合がとれる利点があると考えられる．Hansen と Burke によって示された，厚さ t の Magneto-Dielectric 材料上のアンテナの帯域幅 BW は，次式で与えられる．

$$BW \approx \frac{96\sqrt{\mu_r/\varepsilon_r}\,t/\lambda_0}{\sqrt{2}\,(4 + 17\sqrt{\mu_r \varepsilon_r})} \tag{6.28}$$

ここで，与えられた小形化係数 $\sqrt{\varepsilon_r \mu_r}$ に対して，μ_r/ε_r の項が大きくなるほど帯域幅 BW は広くなるため，Magneto-Dielectric 材料としては，ε_r に対して μ_r が大きいほうが望ましい．しかしながら，UHF バンド以上で大きな比透磁率を有する材料は，自然界には見当たらない．

そこで，比較的低い誘電率材料の中に埋め込まれた，周期構造を有するループとインターディジタルカップラから構成される人工材料（**図 6.32**（a））を用いて，比較的高い比透磁率を有する材料が実現されている．さらに，これをマイクロストリップアンテナに応用し，アンテナの小形化を実現した例につい

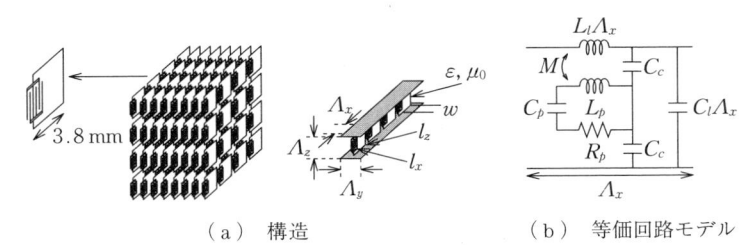

（a）構造　　　　　（b）等価回路モデル

図 6.32 ループとインターディジタルカップラから構成される人工材料[26]

て示す。

　図(a)に示したユニットセルの伝送線路モデルを図(b)に示す。実効比誘電率および実効比透磁率は，式(6.29)で表される。

$$\mu_{eff} = \mu_0\left(1 - k^2 \frac{1}{1-\left(\omega_p^2/\omega^2\right)-(j/Q)}\right), \quad \varepsilon_{eff} = \varepsilon\left\{1 + \frac{\Lambda_z l_x}{\Lambda_x \Lambda_y} \frac{K\left(\sqrt{1-g^2}\right)}{K(g)}\right\}$$

$$\omega_p = \frac{1}{\sqrt{L_p C_p}}, \quad k = \frac{M}{\sqrt{(L_i \Lambda_x) L_p}}, \quad L_i = \frac{\mu_0 \Lambda_z}{\Lambda_y}, \quad L_p = \frac{\mu_0 l_x l_z}{\Lambda_y}, \quad M = \frac{\mu_0 l_x l_z}{\Lambda_y},$$

$$Q = \frac{\omega L_p}{R_p} = \frac{4 l_x l_z w}{\Lambda_y (l_x + l_z)\sigma}, \quad g = \frac{w}{w+h} \tag{6.29}$$

C_p はループキャパシタンスの値，K は完全だ円積分関数である。

　インターディジタルカップラの容量を変化させることにより，材料の共振周波数や特性を容易に変化させることができる。この人工材料を用いて，**図6.33**に示す正方形マイクロストリップアンテナを設計し，FDTD法を用いて解析した結果，共振周波数 2.28 GHz において，一辺が $0.075\lambda_0$ の寸法に小形化されるが，帯域幅は約 1.5% となった。

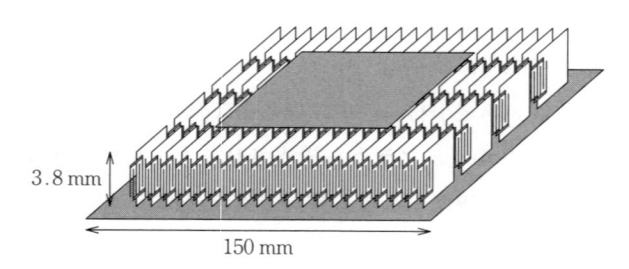

図 6.33　人工材料を用いた正方形マイクロストリップアンテナ[26]

　Ermutlu らもマイクロストリップアンテナに応用し，アンテナの小形化を実現している[27]。**図 6.34** にあるように，3列のリング共振機を配置することで 25〜30% のアンテナの小形化ができることが，電磁界シミュレーションにおいて確認されている。放射効率に関する実験結果の報告はまだなく，人工材料の低損失化が今後の課題であると考えられる。

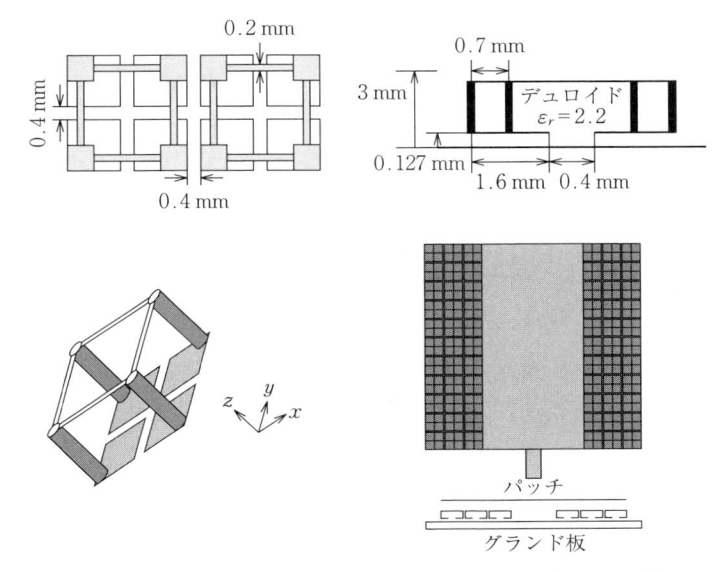

図6.34 他の人工材料を用いたマイクロストリップアンテナ[27]

6.2.4 左手系（LH）材料を用いたアンテナの小形化

（1） LH伝送線路理論[28)~31)]

スプリットリング共振器を用いた人工材料では，損失が大きく，動作帯域が狭いことが課題として考えられる。そこで，損失が小さく，動作帯域が広くなる手法として，LH伝送線路を用いた人工材料がCaloz[28)]，Iyer[29)]，Eleftheriade[30)]らのグループによって提案され，研究開発が進められている。

伝送線路理論は，従来の材料，つまり右手系（RH）材料では，等価回路は**図6.35**（a）に示すように表現され，長い間，マイクロ波コンポーネント，アンテナなどの解析・設計ツールとして使用されてきた。左手系（LH）材料は，図（b）に示すように，従来のRH伝送線路のLとCを入れ換えれば，理論上は容易に実現できる。これら二つの伝送線路の$\omega-\beta$（分散）特性を**図6.36**（a），（b）に示す。この図において，位相速度$V_p(V_p=\omega/\beta)$は原点からの傾き，群速度$v_g(v_g=\partial\omega/\partial\beta)$は接線の傾きで表現される。原点からの傾きが±

164   6. 最近の小形アンテナの動向

(a) 右手系

(b) 左手系

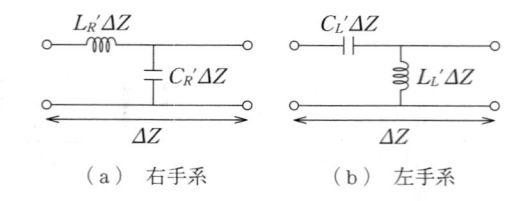

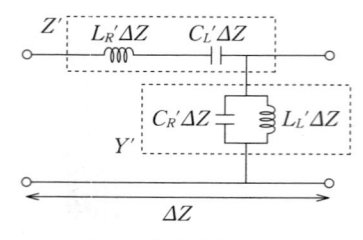

(c) 右手/左手系

図 6.35 伝送線路の等価回路モデル

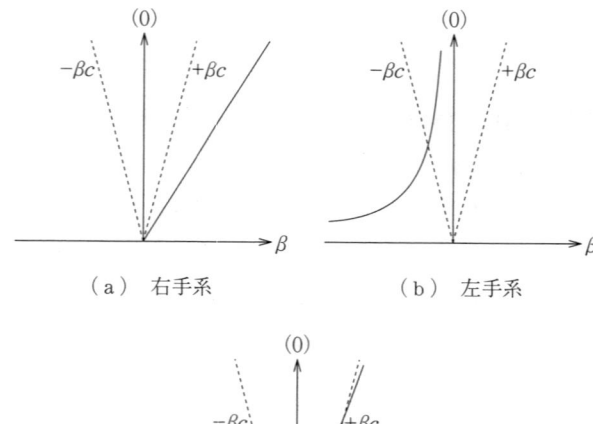

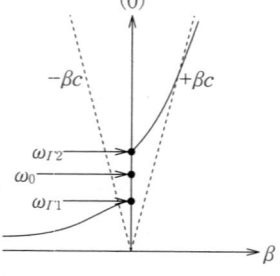

(a) 右手系

(b) 左手系

(c) 右手/左手系

図 6.36 伝送線路の分散特性

βc（c：光速）となる点を破線で示す。伝送線路を伝搬する波の速度が光速 c より速くなると，つまり，傾きが $\pm\beta c$ 以上になると，空間に放射する。これは，漏れ波アンテナとして利用されている。RH 伝送線路では，図（a）は群速度 v_g と位相速度 v_p は周波数によらず一定の値となり，$v_g v_p>0$ となることがわかる。一方，LH 伝送線路では，群速度，位相速度は周波数によってその値が変化し，$v_g>0$ となるが，$v_p<0$ となるため，$v_g \cdot v_p<0$ となり，RH 伝送線路とは反対の伝送特性を示す。しかしながら，図（b）に示すように，純粋な LH 伝送線路は，β が 0 に近づくと ω が発散してしまい放射領域では設計が難しく，また実際のマイクロ波コンポーネントを製作する際には，直列のインダクタンス成分，並列のキャパシタンス成分が発生することから，純粋な LH 伝送線路を実現することはほぼ不可能である。

そこで，図（c）に示される右手/左手系（**CRLH**）伝送線路が考案された[31]。CRLH 伝送線路は，直列のインダクタンス L_R，キャパシタンス C_L，並列のインダクタンス L_L，キャパシタンス C_R から構成される。伝送線路の伝搬定数は $\gamma = \alpha + j\beta = \sqrt{Z'Y'}$ で与えられる。ここで Z', Y' は単位長さあたりのインピーダンス，アドミッタンスである。Z', Y' は次式で定義される。

$$Z'(\omega) = j\left(\omega L'_R - \frac{1}{\omega C'_L}\right) \tag{6.30a}$$

$$Y'(\omega) = j\left(\omega C'_R - \frac{1}{\omega L'_L}\right) \tag{6.30b}$$

CRLH 伝送線路の $\omega - \beta$（分散）特性は次式で求められ，位相定数 β は式（6.31）で与えられる。

$$\beta(\omega) = s(\omega)\sqrt{\omega^2 L'_R C'_R + \frac{1}{\omega^2 L'_L C'_L} - \left(\frac{L'_R}{L'_L} + \frac{C'_R}{C'_L}\right)} \tag{6.31}$$

$$s(\omega) = \begin{cases} -1 \text{ if } \omega < \omega_{\Gamma 1} = \min\left(\frac{1}{\sqrt{L'_R C'_L}}, \frac{1}{\sqrt{L'_L C'_R}}\right) & (6.32a) \\ +1 \text{ if } \omega > \omega_{\Gamma 2} = \max\left(\frac{1}{\sqrt{L'_R C'_L}}, \frac{1}{\sqrt{L'_L C'_R}}\right) & (6.32b) \end{cases}$$

この特性を図（c）に示す．ω の値によって，β は正もしくは負の値をとり，$\omega_{\Gamma 1}$ 以下の角周波数では LH 伝送線路，$\omega_{\Gamma 2}$ 以上では RH 伝送線路として動作する．また β が純虚数となる周波数帯域（$\omega_{\Gamma 1} \leq \omega \leq \omega_{\Gamma 2}$）では，バンドギャップ帯域となり伝送できない．図（c）に示すように，直列と並列の共振が異なる場合をアンバランスモードと呼ぶ．一方，直列と並列の共振を一致させた場合をバランスモードと呼ぶ．

$$L'_R C'_L = L'_L C'_R \tag{6.33}$$

この場合，位相定数 β は簡単な表現となり

$$\beta = \beta_R + \beta_L = \omega \sqrt{L'_R C'_R} - \frac{1}{\omega \sqrt{L'_L C'_L}} \tag{6.34}$$

となる．バランスモードでは β はいつも実数となるため，バンドギャップ帯域は消滅し，LH 伝送線路から RH 伝送線路へ連続する特性を示す（**図 6.37**）．このときの遷移角周波数 ω_0 は，次式で求められる．

$$\begin{aligned}
\omega_0 &= \frac{1}{4\sqrt{L'_R C'_R L'_L C'_L}} \quad \text{（アンバランスモード）} \\
&= \frac{1}{\sqrt{L'C'}} \quad \text{（バランスモード）}
\end{aligned} \tag{6.35}$$

ω_0 において $\beta_0 = 0$ となり，伝送線路が無限長時の伝搬波長（$\lambda_g = 2\pi/|\beta|$）を示す．これは物理的な寸法によらず，線路を構成するインダクタンス L'，キャ

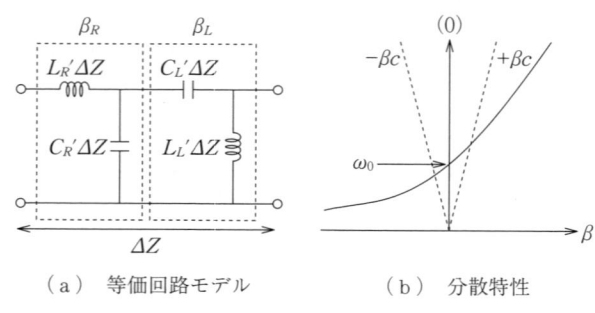

（a）等価回路モデル　　（b）分散特性

図 6.37 バランスモードにおける右手／左手系伝送線路の等価回路モデルおよび分散特性

6.2 メタマテリアルを用いたアンテナの小形化技術

パシタンス C' の値により,共振を任意の周波数に設定することができるため,アンテナの小形化においては興味深い特性となる。

線路の特性インピーダンス Z_0 は,$Z_0 = \sqrt{Z'/Y'}$ で与えられ,次式で求められる。

$$Z_0 = Z_L \sqrt{\frac{L'_R C'_L \omega^2 - 1}{L'_L C'_R \omega^2 - 1}} \qquad (アンバランスモード)$$

$$= Z_L = Z_R \qquad (バランスモード) \qquad (6.36a)$$

$$Z_L = \sqrt{\frac{L'_L}{C'_L}} \qquad (6.36b)$$

$$Z_R = \sqrt{\frac{L'_R}{C'_R}} \qquad (6.36c)$$

バランスモードでは,Z_0 は周波数によらず一定となり,広帯域にわたり整合がとれることがわかる。

これら伝送線路の関係式より,CRLH 材料としてみたときの誘電率 ε,透磁率 μ は,$j\beta = \sqrt{Z'Y'}$,および $Z_0 = Z'/Y' = \mu/\varepsilon$ の関係より,次式で与えられる。LH 伝送線路の特性を示す周波数領域では,$\varepsilon < 0$,$\mu < 0$ の特性を示す。

$$\mu = \frac{Z'}{j\omega} = L'_R - \frac{1}{\omega^2 C'_L} \qquad (6.37a)$$

$$\varepsilon = \frac{Y'}{j\omega} = C'_R - \frac{1}{\omega^2 L'_L} \qquad (6.37b)$$

単位セルのサイズ p は伝搬波長の $1/4$ より小さければよく,Block-Floquet 周期境界条件[32] を与えることにより,分散特性は,式 (6.26) と同様に次式で与えられる。

$$\beta(\omega) = \frac{s(\omega)}{p} \sqrt{\omega^2 L_R C_R + \frac{1}{\omega^2 L_L C_L} - \left(\frac{L_R}{L_L} + \frac{C_R}{C_L}\right)} \qquad (6.38)$$

実際のマイクロ波回路では,**図 6.38** に示すように,マイクロストリップ線路に周期的な構造をつくり,直列のキャパシタンスにはインターディジタルカプラ,並列のインダクタンスには,短絡したスタブを用いている。本理論は 2

168   6. 最近の小形アンテナの動向

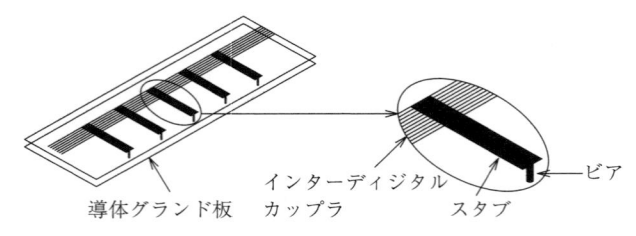

図 6.38 インターディジタルカップラと並列短絡スタブを用いた右手/左手系伝送線路

次元構造にも拡大でき，マッシュルーム構造の素子を用いた平面構造の負屈折レンズが考案されている[33]。

（2） 0 次共振アンテナ[34),35)]

式 (6.35) で示される 0 次共振周波数は共振器の物理量によらないため，アンテナサイズを自由に選ぶことができる。この性質を利用してマイクロストリップ線路タイプの左手系 0 次共振アンテナの小形化を検討した例を示す。

アンテナの構造を**図 6.39**（a）に示す。このアンテナは，直列に接続されたインターディジタルキャパシタと短絡のメアンダラインインダクタをユニットセルとして構成される。メアンダラインインダクタは，大きな接地容量 C_G を持つ方形パッチに接続され，設計周波数領域では，ほぼ短絡されているとみなすことができる。この等価回路モデルを図（b）に示す。このユニットセルに対して，Block-Floquet 周期境界条件を与えることにより，この周期構造線路

（a） 構　造　　　　（b） 等価回路モデル

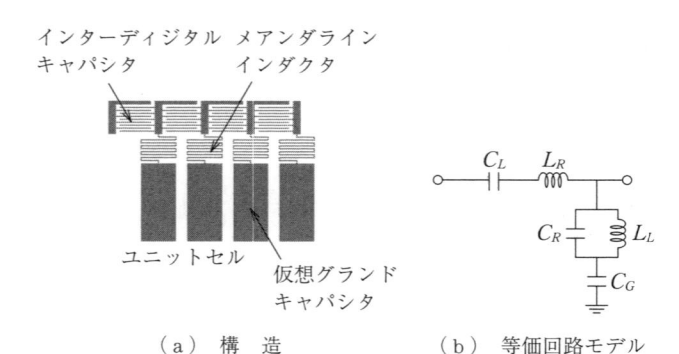

図 6.39 左手系 0 次共振小形アンテナとその等価回路モデル

6.2 メタマテリアルを用いたアンテナの小形化技術　　169

の分散特性を得ることができる．分散関係式に位相定数 $\beta=0$ なる条件を与えることにより，両端開放共振器の共振周波数 f_0 を次式のように求めることができる．

$$f_0 = \frac{1}{2\pi\sqrt{L_R C_R}} \tag{6.39}$$

すなわち，0次共振周波数は，ユニットセルに装荷された $L_L C_R$ 並列共振器の共振周波数と一致し，共振器の物理的な大きさやセルの数によらないことがわかる．

4セルで構成した左手系0次共振アンテナを，従来のマイクロストリップアンテナと比較した場合，試作アンテナの寸法は全長約 10 mm であり，同じ周波数で動作するマイクロストリップアンテナの大きさ（20.6 mm）の約半分の小形化を実現している．

他の例としては，UCLA の Itoh らからもほぼ同様な概念の小形アンテナが提案されている[36]．キャパシタンス，インダクタンス素子での損失があるため，効率は低くなると予想され，その改善が課題として考えられる．

6.2.5　DNG 材料を用いたアンテナの小形化[37], [38]

図 6.40 に示すように，DNG 材料で囲まれた電気的に小形なダイポールアンテナについて考えてみる．複素放射電力は，次式で与えられる．

$$P = \iint \left(\frac{1}{2}\boldsymbol{E}\times\boldsymbol{H}\right)\cdot\hat{r}\,ds = \eta\left(\frac{\pi}{3}\right)\left|\frac{I_0 I}{\lambda}\right|^2\left\{1-j\frac{1}{(kr)^3}\right\} = P_{rad} = jP_{reac} \tag{6.40}$$

式（6.40）のリアクティブ電力 P_{reac} はアンテナ近傍ではとても大きく，アンテナ素子からの放射効率を制約している．つまり，$kr \ll 1$ であれば，P_{reac}/P_{rad}

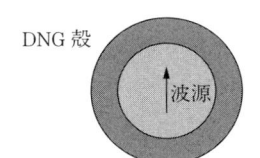

図 6.40　DNG 材料によって囲まれた小形ダイポールアンテナ

≫1 となり,放射電力は,蓄えられる電力よりかなり小さくなる。蓄えられる電力は電界エネルギー,つまり $P_{reac} = \omega(W_m - W_e)$ が支配的である。ここで,W_e, W_m はそれぞれ時間平均電気,および磁気エネルギーである。一方,DNG 材料中では,リアクタンス成分は誘導性になる。これは,波数 k が DNG 材料中では負になるからである。電気的に小形なダイポールアンテナの容量性リアクタンスは,周囲の DNG 材料の誘導性リアクタンスによって打ち消され,整合がとれることになる。その結果,全体のリアクタンス成分が減り,ダイポールアンテナによって放射される電力が増加することになる。この現象の詳細についての解析および数値解析は,文献 37) に示されている。理論的には,小形アンテナの放射効率を向上させる有用なアイデアであるが,どのようにして小形の DNG 媒質を実現するかが課題である。

引用・参考文献

1章

1) C. A. Balanis : Antenna Theory : Analysis and Design, 2nd ed., John Wiley & Sons (1997)
2) 羽石操,平沢一紘,鈴木康夫：小形・平面アンテナ,電子情報通信学会（1996）
3) 野本真一：ワイヤレス基礎理論,電子情報通信学会（2003）
4) 電子情報通信学会 編,内藤喜之 著：マイクロ波・ミリ波工学,コロナ社（1986）
5) 稲垣直樹：電磁波工学,丸善（1980）
6) 後藤尚久,新井宏之：電波工学,昭晃堂（1992）

2章

1) K. Fujimoto, A. Henderson, K. Hirasawa and J. R. James : Small Antennas, Research Studies Press (1987)
2) 藤本京平：小形アンテナに関する研究動向,信学誌,vol.70, no.8, pp.830~838 (1987)
3) 藤本京平：小形アンテナ,信学誌,vol.60, no.4, pp.391~397 (1977)
4) H. A. Wheeler : Fundamental limitations of small antennas, Proc. IEEE, vol.35, no.12, pp.1479~1484 (1947)
5) R. W. P. King : The Theory of Linear Antennas, Harvard University Press (1956)
6) S. A. Shelkunoff and H. T. Friis : Antennas: Theory and practice, John Wiley and Sons (1952)
7) L. J. Chu : Physical limitations of omnidirectional antennas, J. Appl. Phy., vol.19, pp.1163~1175 (1948)
8) S. Prased and R. W. P. King : Experimantal Study of Inverted L-, T- and Related Transmission-line Antennas, J. of Research, NBS, 65D (1961)
9) R. King, C. W. Harrison and D. H. Denton : Transmission-line Missile Antennas, IRE Trans., vol.AP-8, pp.88~90 (1959)
10) 田畑,桜井,三浦他：ロケット搭載用伝送線路型アンテナの解析,航空宇宙技術研究報告,TR-186,航空宇宙技術研究所（1969）
11) Y. Hiroi and K. Fujimoto : Practical Usefulness of Normal Mode Helical Antenna,

IEEE AP-S Int. Symp., pp.238~241 (1976)
12) S. A. Shelkunoff and H. T. Friis : Antenna Theory and Practice, John Wiley and Sons (1952)
13) 新井宏之：新アンテナ工学―移動通信時代のアンテナ技術―, 総合電子出版社 (1996)
14) R. C. Hansen : Fundamental limitations in antennas, Proc. IEEE, vol.69, no.2, pp.170~182 (1981)
15) H. A. Weeks : Antenna Engineering, Mc Graw-Hill Book Co. (1968)
16) M. A. Morgan and F. K. Schwering : Eigenmode Analysis of Dielectric Loaded Top-Hat Monopole Antennas, IEEE Trans. Antennas Propag., vol.AP-42, no.1, pp.54~61 (1994)
17) K. Fujimoto : A Loaded Antenna System Applied to VHF Portable Communication Equipment, IEEE Trans. Vehicular Tech., vol.VT-17, no.1, pp.6~12 (1968)
18) H. R. Bhojawanani and L. W. Zelby : Spiral Top-loaded Antenna Characterisation and Design, IEEE Trans. Antennas Propaga., vol.AP-21, pp.293~298 (1973)
19) G. L. Ragar : Microwave Transmission Circuits, McGraw-Hill Book Co (1948)
20) 安藤篤也, 常川光一：コイル装荷による小形筐体上ホイップアンテナのパターン成型, 信学'92春大, B-100 (1992)
21) 藤本京平, 山田吉英, 常川光一：移動通信用アンテナシステム, 総合電子出版社 (1996)
22) 羽石操：マイクロストリップアンテナの特性解析ポイント, 小形薄型アンテナの解析測定ワークショップ, 信学会第二種研資, AP89-S3, pp.13~20 (1989)
23) J. R. James and P. S. Hall : Handbook of Microstrip Antennas, Peter Pereginus Ltd. (1989)
24) 春木宏志, 小林敦：携帯無線機用逆Fアンテナ, 昭57信学総全大, 613 (1982)
25) 多賀登喜雄, 角田紀久夫：空間回路網法による板状逆F形アンテナの解析, 信学論 (B-II), vol.J74-B-II, no.10, pp.538~545 (1991)
26) H. An, B. K. J. C. Nauwelaers and A. R. V. de Capelle : Broad band Microstrip Antenna Design with the Simplified Real Frequency Technique, IEEE Trans. Antennas Propag., vol.AP-42, no.2, pp.129~136 (1994)
27) 常川光一, 多賀登喜雄：逆Fアンテナの小形化に関する一検討, 昭59信学総全大, 624 (1984)
28) 萩原誠嗣, 常川光一, 山田吉英：金属板近接によるマイクロストリップアンテナの小形化, 信学'95春大, B-101 (1995)
29) H. Jasik : Antenna Engineering Handbook, 2nd Edt, McGrawHill (1984)

30) W. L. Weeks : Antenna engineering, McGraw-Hill (1968)
31) R. E. Collin and S. Rothschild : Evaluation of antenna Q, IEEE Trans. Antennas. Propag., vol.AP-12, no.1, pp.23~27 (1964)
32) 新井宏之：アンテナの大きさについて，信学論 (B), vol.J71-B, no.11, p.1961 (2003)
33) D. M. Grimes and C. A. Grimes : Radiation Q of dipole-generated fields, Radio Sci., vol.34, no.2, pp.281~296 (1999)
34) L. J. Chu : Physical limitations of omnidirectional antennas, J. Appl. Phys., vol.19, pp.1163~1175 (1948)
35) J. S. McLean : A re-examination of the fundamental limits on the radiation Q of electrically small antennas, IEEE Trans. Antennas Propag., vol.44, pp.672~675 (1996)
36) G. A. Thiele, P. L. Detweiler and R. P. Penno : On the lower bound of the radiation Q for electrically small antennas, IEEE Trans. Antennas Propag., vol.55, no.6, pp.1263~1269 (2003)
37) G. Goubau : Multi-element monopole antenna, Proc. ECOM-ARO Workshop on Electrocnically Small Antennas, pp.63~65 (1976)
38) C. H. Friedman : Wide-band matching of a small disk-loaded monopole, IEEE Trans. Antennas Propag., vol.AP-33, no.10, pp.1142~1148 (1985)
39) 梁準元，飯島敏彦，徳丸仁：低姿勢積層板状アンテナ，信学論 (B-II), vol.J80-B2, no.12, pp.1050~1057 (1997)
40) 羽石操，平沢一紘，鈴木康夫：小形・平面アンテナ，電子情報通信学会 (1996)
41) J. P. Gianvittonio and Y. R-Samii : Fractal antenna: a novel antenna miniaturization technique and applications, IEEE Antennas Propag. Mag., vol.44, no.1, pp.20~36 (2002)
42) P-Baharda, C. Romeu and A. Cardama : The Koch monopole: A small fractal antenna, IEEE Trans. Antennas Propag., vol.AP-48, no.11, pp.1773~1781 (2000)
43) D. H. Werner : An overview of fractal antenna engineering research, IEEE Antennas Propag. Mag., vol.45, no.1, pp.38~56 (2003)
44) S. R. Best : Discussion on the significance of geometry in determining the resonant behavior of fractal and other non-Euclidean wire antennas, IEEE Antennas Propag. Mag., vol.45, no.3, pp.9~28 (2003)
45) P. W. P. King and C. H. Harrison : Antenna and waves, The MIT Press, p.473 (1969)

46) J. D. Kraus : Antennas for All Applications, 3rd Edt, pp.293~294, McGraw Hill New York (2002)

47) 遠藤勉，砂原米彦，佐藤眞一，片木孝至：メアンダ状ダイポールアンテナの共振周波数と放射効率，信学論 (B-II)，vol.J80-B-II, no.12, pp.1044~1049 (1997)

48) 野口啓介，水澤丕雄，山口尚，奥村善久，別段信一：2線式小形メアンダラインアンテナの広帯域化，信学論 (B), vol.J82-B, no.3, pp.402~409 (1999)

49) H. Bhojwani and L. Zelby : Spiral top-loaded antenna: characteristics and design, IEEE Trans. Antennas Propag., vol.AP-21, no.3, pp.293~298 (1973)

50) D. Sievenpiper, L. Zhang, R. F. J. Broas, N. G. Alexopolous and E. Yablonovitch : High-impedance electromagnetic surfaces with a forbidden frequency band, IEEE Trans. Microw. Theory Tech., vol.47, no.11, pp.2059~2074 (1999)

51) H. Nakano, K. Hitosugi, N. Tatsuzawa, D. Togashi, H. Mimaki, and J. Yamauchi : Effects on the radiation characteristics of using a corrugated reflector with a helical antenna and an electromagnetic band-gap reflector with a spiral antenna, IEEE Trans. Antennas Propag., vol.53, no.1, pp.191~199 (2005)

52) F. Yang and Y. Rahmat-Samii : Reflection phase characteristics of the EBG Ground Plane for Low Profile Wire Antenna Applications, IEEE Trans. Antennas Propag., vol.51, no.10, pp.2691~2703 (2003)

53) H. Nakano, Y. Asano and J. Yamauchi : A Wire inverted F antenna on a finite-sized EBG material, Proc. 2005iWAT, pp.13~16 (2005)

54) J. Kim and Y. Rahmat-Samii : Low-profile loop antenna above EBG structure, IEEE AP-S Int. Symp., vol.2, pp.800~803 (2005)

55) K. G. Schroeder : Electrically small complementary pair with interelement coupling, IEEE Trans. Antennas Propag., vol.AP-24, no.4, pp.411~418 (1976)

56) P. E. Mayes, W. T. Warren and F. M. Wiesenmeyer : The monopole slot: A small broad-band unidirectional antenna, IEEE Trans. Antennas Propag., vol.AP-20, no.4, pp.489~493 (1972)

57) Y. Mushiake : Self-comlementary Antenna, Springer-Verlag (1996)

58) P. Xu and K. Fujimoto : L, shaped self-complementary antenna, IEEE AP-S Int. Symp., vol.3, pp.95~98 (2003)

59) 松島秀直，広瀬英一郎，篠原義典，新井宏之，後藤尚久：電磁結合型誘電体チップアンテナ，1998 信学ソ大 (通信)，B-1-112 (1998)

60) 渡辺邦広，神波誠治，鶴輝久，萬代治文：広帯域チップ多層アンテナの特性，1998 信学ソ大 (通信)，B-1-44 (1998)

61) 嵩谷雄治郎, 神波誠治, 鶴輝久, 萬代治文：GND接地型チップ多層アンテナの特性, 1998信学ソ大（通信), B-1-44（1998）
62) 田中智輝, 林田章吾, 今村和文, 森下久, 小柳芳雄：磁性材料を用いた携帯端末用アンテナの小形化に関する一検討, 信学論（B）, vol.J87-B, no.9, pp.1327~1335（2004）
63) 河野芳美, ベソンヨン, 林田章吾, 森下久, 小柳芳雄：磁性材料を用いた2GHz帯平板逆Fアンテナの小形化の一検討, 2005信学総大, B-1-50（2005）
64) J. B. Pendry, et. al : Extremely low frequency plasmons in metallic microstructures, Phys. Rev. Lett., 76-25, pp.4773~4776（1996）
65) J. B. Pendry, A. J. Holden, A. J. Robbins and W. J. Stewart : Magnetism from conductors and enhanced nonlinear phenomena, IEEE Trans. Microw. Theory Tech., vol.47, pp.2075~2084（1999）
66) D. R. Smith, et. al. : Composite medium with simultaneously negative permeability and permittivity, Phys. Rev. Lett., 84-18, pp.4184~4187（2000）
67) D. R. Smith and N. Kroll : Negative refractive index in left-handed materials, Phys. Rev. Lett., 85-14, pp.2933~2936（2000）
68) K. Sarabandi and H. Mosallaei : Embedded-circuit meta-materials for novel design of tunable electro-ferromagnetic permeability, band-gap, and bi-anisotropic media, IEEE AP-S Int. Antenna Propag. Symp.（2003）
69) C. Lee, K. Leong and T. Itoh : Desigot resonant small antenna using composite right/left-handed transmission line, IEEE AP-S Int. Symp., vol.2, pp.218~220（2005）
70) 鹿子嶋憲一, 関口利男：インピーダンスが装荷された円形ループアンテナの設計, 信学論（B）, vol.56-B, no.7, pp.303~310（1973）
71) R. C. Hansen : A review of inductively loaded antennas, Proc. of The ECOM-ARO Workshop on Electrically Small Antennas, p.49（1976）
72) 安達三郎：超伝導アンテナの一実験, 信学論（B）, J59-B, 5, p.299（1976）
73) H. A. Wheeler : The radian sphere around a small antenna, Proc. IRE, vol.47, no.8, pp.1325~1331（1959）
74) R. F. Harrington : Effect of antenna size on gain, bandwidth and efficiency, J. Res. Nat. Bur. Stand, vol.64-D, pp.1~12（1960）
75) J. S. McLean : A re-examination of the fundamental limits on the radiation Q of electrically small antennas, IEEE Trans. Antennas Propag., vol.44, no.5, pp.672~675（1996）

引 用 ・ 参 考 文 献

3章
1) 新井宏之：小形アンテナ：小形化手法とその評価法，信学論（B），vol.J87-B，no.9, pp.1140~1148（2004）
2) 羽石操，松井章典，斎藤作義：マイクロストリップアンテナの小形化に関する一考察，信学論（B），vol.J71-B, no.11, pp.1378~1380 (1988)
3) 多賀登喜雄，角田紀久夫：空間回路網法による板状逆Ｆアンテナの解析，信学論（B-II），vol.J74-BII, no.10, pp.538~545 (1991)
4) 常川光一，多賀登喜雄：逆Ｆ形アンテナの小形化に関する一検討，昭59信学総会大，624 (1984)
5) 大島康秀，後藤尚久：移動通信用小型アンテナの指向性，1986信学総大，636 (1986)
6) 佐藤眞一，蛭子井貴，砂原米彦，武田文雄：キャパシタンス装荷板状逆Ｆアンテナの入力インピーダンス特性，1985信学総全大，249 (1985)
7) 萩原誠嗣，常川光一，山田吉英：金属板近接によるマイクロストリップアンテナの小形化，1995信学総大，no.B-101 (1995)
8) 萩原誠嗣，常川光一：2共振特性を有する携帯機用小型単一指向性アンテナ，1997信学総全大，B-1-75 (1997)
9) Z. N. Chen, K. Hirasawa, K. Leung and K. Luk：A New Inverted F Antenna with a Ring Dilectric Reasonator, IEEE Trans. Vehicular Tech., vol.48, no.4, pp.1029~1032 (1999)
10) Y. P. Zhang and W. B. Li：Integration of a Planar Inverted F Antenna on a Cavity-Down Ceramic Ball Grid Array Package, IEEE AP-S Int. Symp., vol.4, pp.520~523 (2002)
11) H. Adel, R. Wansch and C. Schmidr：Antennas for Body Area Network, IEEE AP-S Int. Symp., pp.471~474 (2003)
12) Y. Hwang, Y. P. Zhang, G. X. Zheng and T. K. C. Lo：Planar inverted F antenna loaded with high permittivity material, Electron. Lett., vol.31, no.20 (1995)
13) K. Fujimoto, A. Henderson, K. Hirasawa and J. R. James：Small antenna, Research Studies Press (1987)
14) 電子情報通信学会 編：アンテナ工学ハンドブック，p.475, オーム社 (1980)
15) 小笠原直幸，布施正：FM・TV帯におけるフェライトアンテナとタブレットとの比較実験結果について，電気通信学会，磁性材料部品研究会資料 (1965)
16) 戸花照雄，陳強，澤谷邦男，笹森崇行，阿部紘士：磁性吸収体を用いたプリント基板からの放射抑制効果の実験と数値解析による評価，信学論（B），vol.J84-B no.10, pp.1898~1900 (2001)

17) 齋藤章彦，西方敦博：磁性損失材料で被覆したマイクロストリップ線路の伝送特性の測定及び解析，信学論（B），vol.J85-B，no.7，pp.1095~1103（2003）
18) 北原直人，水本哲弥：低損失高誘電率磁性体に関する研究，信学論（C），vol.J86-C，no.4，pp.450~456（2003）
19) 半杭英二，中村龍哉，橋本修：低損失磁性板による携帯電話機モデルの放射効率の向上に関する理論的，実験的検討，信学論（C），vol.J84-C，no.10，pp.1021~1025（2001）
20) 田中智輝，林田章吾，今村和文，森下久，小柳芳雄：磁性材料を用いた携帯端末用アンテナの小形化に関する一検討，信学論（B），vol.J87-B，no.9，pp.1327~1335（2004）
21) 平澤郁，田中智輝，森下久，小柳芳雄：磁性材料を用いた平板逆Fアンテナの小形化の一検討（3），2004信学総大，B-1-191（2003）
22) 河野芳美，田中智輝，森下久，小柳芳雄：磁性材料を用いた平板逆Fアンテナの小形化の一検討（3），2004信学ソ大（通信），B-1-25（2004）
23) 河野芳美，ベソンヨン，林田章吾，森下久，小柳芳雄：磁性材料を用いた2GHz帯平板逆Fアンテナの小形化の一検討，2005信学総大，B-1-50（2005）
24) 田中智輝，平澤郁，森下久，小柳芳雄：磁性材料を用いた平板逆Fアンテナの小形化の一検討（2），2003信学ソ大（通信），B-1-187（2003）
25) 森下久：小形携帯端末用アンテナ，信学論（B），vol.J88-B，no.9，pp.1601~1612（2005）
26) 関根秀一，伊藤敬義，大舘紀章，村上康，庄木裕樹：並列共振を用いた広帯域逆Fアンテナの設計，信学論（B），vol.J86-B，no.9，pp.1806~1815（2003）
27) 平沢一紘，藤本京平：直方導体に取り付けられた線状アンテナの特性，信学論（B），vol.J65-B，no.9，pp.1133~1139（1982）
28) 森下久，藤本京平，平沢一紘：マイクロストリップアンテナの一解析法，信学論（B），vol.J71-B，no.11，pp.1274~1280（1988）
29) R. Yamaguchi, K. Sawaya, Y. Fujino and S. Adachi：Effect of dimension of conducting box on radiation pattern of a monopole antenna for portable telephone, IEICE Trans. Commun., vol.E76-B, no.12, pp.1526~1531（1993）
30) H. Arai, N. Igi and H. Hanaoka：Antenna-Gain Measurement of Handheld terminals at 900 MHz, IEEE Trans. Vehicular Tech., vol.46, no.3, pp.537~543（1997）
31) T. Taga and K. Tsunekawa：Performance Analysis of a Built-in Planar Inverted F Antenna for 800 MHz Band Portable Radio Units, IEEE J. Sel. Areas Commun., vol.SAC-5-5, no.5, pp.921~929（1987）

32) 常川光一:小型筐体に設置された逆Fアンテナの帯域特性解析,1996信学ソ大(通信),B-84 (1996)
33) 関根秀一,庄木裕樹,辻村彰宏,前田忠彦,澤谷邦男:2周波共用アンテナを考慮した切込みによる筐体上電流の制御,vol.J88-B,no.9,pp.1700~1709 (2005)
34) 吉川幸広,砂原米彦,松永誠:マイクロストリップ線路給電形コイル装荷スリーブアンテナ,1990信学秋全大,B-104,pp.2~104 (1990)
35) K. Tsunekawa : High performance portable telephone antenna employing a flat-type open sleeve, IEICE Trans. Electron. vol.E79-C, no.5, pp.693~698 (1996)

4章

1) 深沢徹,下村健吉,大塚昌孝:小型無線端末用のアンテナ測定における高精度測定法,信学論(B),vol.J86-B,no.9,pp.1895~1905 (2003)
2) C. Icheln, J. Krogerus and P. Vainikainen : Use of Balun Chokes in Small-Antenna Radiation Measurements, IEEE Trans. Inst. And Meas., vol.53, no.2, pp.498~506 (2004)
3) C. A. Balanis : Antenna theory : analysis and design 2nd ed., John Wiley & Sons, Inc. (1997)
4) 斎藤広隆,大宮学,伊東精彦:携帯電話機放射指向性のNEC2による推定および評価,信学論(B-II),vol.J78-B-II,no.7,pp.503~510 (1995)
5) 斎藤裕,長野勇,八木谷聡,春木宏志:人体に装着された小型無線端末用アンテナの放射特性,信学論(B),vol.J83-B,no.10,pp.1437~1445 (2000)
6) H. Garn, M. Buchmayr and W. Mullner : Tracing Antenna Factors of Precision Dipoles to Basic Quantities, IEEE Trans. Electromagnetic Compatibility, vol.40, no.4, pp.297~310 (1998)
7) T. Uno and S. Adachi : Range Distance Requirements for Large Antenna Measurements, IEEE Trans. Antennas Propag., vol.37, no.6, pp.707~720 (1989)
8) 計測自動制御学会 編,岩崎俊 著:マイクロ波・光回路計測の基礎,計測自動制御学会 (1997)
9) 前田忠彦,大浦聖二,諸岡翼:全立体角放射特性の測定による小型アンテナの放射効率の測定,信学技報,A・P 88-119,pp.115~120 (1989)
10) 佐々木亮,陳強,中村精三,澤谷邦男:ページャ用ループアンテナの放射効率の測定とその改善,信学論文誌(B-II),vol.J81-B-II,no.12,pp.1153~1155 (1998)
11) Q. Chen, H. Yoshioka, K. Igari and K. Sawaya : Measurement of Radiation

Efficiency of Antennas in the Vicinity of Human Head proposed by COST 244, Proc. IEEE Antennas and Propagation Society Int. Symp. Digest, AP-S'99, vol. 4, pp.1118~1121 (1999)

12) アンテナ・無線ハンドブック，3.2.1項，オーム社 (2006)
13) 桜井仁夫，菊池秀彦，新井宏之，安藤真，後藤尚久：アンテナのスモールモデルに対するWheeler法による効率測定の考察，1987信学春全大，S8-3 (1987)
14) 村本充，石井望，伊藤精彦：Wheeler法による放射効率測定に関する検討，信学論 (B-II)，vol.J78-B-II，no.6，pp.454~460 (1995)
15) Y. Huang, R. M. Narayanan and G. R. Kadambi : Electromagnetic coupling effects on the cavity measurements of antenna efficiency, IEEE Trans. Antennas Propag., 51, 11, pp.3064~3071 (2003)
16) J. E. Hansen : Spherical Near-field Antenna Measurements, IEE Electromagnetic waves series 26, Peter Peregrinus Ltd. (1988)
17) M. Hirose, S. Kurokawa and K. Komiyama : A Probe Calibration Method to Measure Absolute Gain by Spherical Near-field Measurement System Using Photonic Sensor, Proc. 2005 Int. Symp. Antennas Propag., ISAP2005, vol.3, pp.277~280 (2005)

5章

1) 廣瀬雅信，三宅正泰：人体頭部・手近傍におけるPHS用λ/2アンテナの利得パターン，信学総大，B-44，p.44 (1995)
2) 渡辺聡一，多氣昌生：頭部近傍の携帯無線機のアンテナ入力インピーダンス特性，信学技報，A・P 95-51，pp.29~36 (1995)
3) 斎藤正男，多氣昌生：電波の生体影響と健康リスク，信学誌，vol.82，no.6，pp.572~279 (1999)
4) K. Fujimoto and J. R. James : Mobile Antenna System Handbook, Artech House (1994)
5) J. D. Kraus : Antennas, 2nd ed., McGraw-Hill (1988)
6) 平沢一紘，藤本京平：直方導体に取付けられた線状アンテナの特性，信学論 (B)，vol.J65-B，no.4，pp.1133~1139 (1982)
7) T. Taga and K. Tsunekawa : Performance analysis of a built-in planar inverted F antenna for 800 MHz band portable radio units, IEEE J. Sel. Areas Commun., vol.SAC-5, no.5, pp.921~929 (1987)
8) 春木宏志，小林敦：携帯無線機用逆Fアンテナ，信学総大，no.613，pp.3~66 (1982)

9) 常川光一，鹿子嶋憲一，安藤篤也："小型無線機アンテナの多重波中利得と筐体長の関係"，信学論 (B)，vol.J75-B-II，no.10，pp.705~707 (1992)
10) H. Morishita, Y. Kim, and K. Fujimoto : Design concept of antennas for small mobile terminals and the future perspective, IEEE Antennas Propag. Mag., vol.44, no.5, pp.30~43 (2002)
11) H. Morishita, H. Furuuchi and K. Fujimoto : Performance of balance-fed antenna system for handsets in the vicinity of a human head or hand, IEE Proc. -Microw. Antennas Propag., vol.149, no.2, pp.85~91 (2002)
12) Y. Kim, H. Furuuchi, H. Morishita and K. Fujimoto : Characteristics of balance-fed L-type loop antenna system for handsets in vicinity of human head, Proc. 2000 Int. Symp. Antennas and Propagat., vol.3, pp.1203~1206 (2000)
13) H. Morishita, Y. Kim and K. Fujimoto : Analysis of handset antennas in the vicinity of the human body by the electromagnetic simulator, IEICE Trans. Electron., vol.E84-C, no.7, pp.937~947 (2001)
14) C. A. Balanis : Antenna Theory: Analysis and Design, 2nd ed., John Wiley & Sons (1997)
15) 内田英成，虫明康人：超短波空中線，コロナ社 (1961)
16) 虫明康人：アンテナ・電波伝搬，コロナ社 (1975)
17) 遠藤敬二，佐藤源貞，永井淳：アンテナ工学，第3章，総合電子出版社 (1975)
18) R. C. Johnson : Antenna Engineering Handbook, 3rd Edition, Chapter4, McGraw-Hill. Inc (1961)
19) 中野久松：モーメント法によるアンテナ解析入門コース，電子情報通信学会アンテナ・伝搬研究専門委員会「第2回アンテナ・伝搬における設計・解析手法ワークショップ」(1995)
20) 平沢一紘：線状アンテナ解析に関するモーメント法適用のポイント，電子情報通信学会第2種研究会「小形・薄形アンテナ」，A・P89~S2，pp.5~11 (1989)
21) 澤谷邦男：モーメント法によるアンテナ解析中級コース，電子情報通信学会アンテナ・伝播研究会専門委員会 IEEE AP-S Japan Chapter「再開催第6回アンテナ・伝播における設計・解析手法ワークショップ」(2003)
22) 宇野亨：FDTD法による電磁界およびアンテナ解析，コロナ社 (1998)
23) R. Luebbers, L. Chen, T. Uno and S. Adachi : FDTD calculation of radiation patterns, impedance, and gain for a monopole antenna on a conduction Box, IEEE Trans. Antennas Propag., vol.AP-40, no.12, pp.1577~1583 (1992)
24) K. S. Kunz and R. Luebbers : The finite difference time domain method for electromagnetics, CRC Press LLS (1993)

25) 新井宏之:FD-TD 法によるアンテナ解析の実際,電子情報通信学会アンテナ・伝搬研究専門委員会「第 17 回アンテナ・伝搬における設計・解析手法ワークショップ」(2000)
26) 小柴正則:光・波動のための有限要素法の基礎,森北出版 (1990)
27) Schmid & Partner Engineering AG : http://www.speag.com/ (2010 年 12 月現在)
28) 林田章吾,森下久,藤本京平:携帯端末用広帯域折り返しループアンテナ,信学誌 (B), vol.J86-B, no.9, pp.1799~1805 (2003)
29) 伊藤公一,古屋克巳,岡野好伸,浜田リラ:マイクロ波帯における生体等価ファントムの開発とその特性,信学誌 (B-II), vol.J81-B-II, no.12, pp.1126~1135 (1998)
30) G. d'Inzeo (Coordinator) : Proposal for numerical canonical models in mobile communications, Proc. of COST244 Meeting on Reference Models for Bioelectromagnetic Test of Mobile Communication Systems, pp.1~7 (1994)
31) R. G. Vaughan and J. B. Andersen : Antenna diversity in mobile communications, IEEE Trans. Veh. Technol., vol.36, no.4, pp.147~172 (1987)
32) G. J. Foschini and M. J. Gans : On limits of wireless communications in a fading environment when using multiple antennas, Wireless Personal Commun., vol.6, no.3, pp.311~335 (1998)
33) D. Gesbert, M. Shafi, D. S. Shiu, P. Smith and A. Naguib : From theory to practice : An overview of MIMO space-time coded wireless systems, IEEE J. Sel. Areas Commun., vol.21, no.3, pp.281~302 (2003)
34) S. Hayashida, H. Morishita and K. Fujimoto : Self-balanced wideband folded loop antenna, IEE Proc. MicroW. Antennas Propag., vol.153, no.1, pp.7~12 (2006)
35) S. Hayashida, T. Tanaka, H. Morishita, K. Koyanagi and K. Fujimoto : Built-in folded monopole antenna for handsets, IEE Electron. Lett., vol.40, no.24, pp.1514~1515 (2004)
36) S. Hayashida, T. Tanaka, H. Morishita, K. Koyanagi and K. Fujimoto : Characteristics of built-in folded monopole antenna for handsets, IEICE Trans. Commun., vol.E88-B, no.6, pp.2275~2283 (2005)
37) A. Kajitani, Y. Kim, H. Morishita and Y. Koyanagi : Wideband characteristics of built-in folded dipole antenna for handsets, Proc. IEEE AP-S Int. Symp., pp.3548~3551 (2007)
38) 新井宏之:小形アンテナ:小形化手法とその評価,信学論 (B), vol.J87-B, no.9, pp.1140~1148 (2004)
39) 前田忠彦,大浦聖二,諸岡翼:全立体角放射特性の測定による小形アンテナの

放射効率の測定，信学技報，AP88-119（1989）
40) 佐々木亮，陳強，中村精三，澤谷邦男：ページャ用ループアンテナの放射効率の測定とその改善，信学論（B-II），vol.J81-B-II，no.12，pp.1153~1155（1998）
41) H. A. Wheeler : The radian sphere around a small antenna，Proc. IRE，vol.47，no.8，pp.1325~1331（1959）
42) 村本充，石井望，伊藤精彦：Wheeler法による放射効率測定に関する検討，信学論（B-II），vol.J78-B-II，no.6，pp.454~460（1995）
43) S.S. Glenn : An analysis of the Wheeler method for measuring the radiating efficiency of antennas，IEEE Trans. Antennas Propag.，vol.25，no.4，pp.552~556（1977）
44) E. H. Newman, P. Bophley and C. H. Walter : Two method for measurement of antenna efficiency，IEEE Trans. Antennas Propag.，vol.23，no.4，pp.457~461（1975）
45) J. B. Andersen and F. Hansen : Antennas for VHF/UHF personal radio; A theoretical and experimental study of characteristics and performance，IEEE Trans. Veh. Technol.，vol.26，no.4，pp.349~357（1977）
46) 前田忠彦，諸岡翼：屋内ランダムフィールド法による小型アンテナ放射効率測定法，信学論（B），vol.J71-B，no.11，pp.1259~1265（1988）
47) SATIMO SA : http://www.satimo.com（2010年12月現在）
48) L. J. Chu : Physical limitaitons of omni-directional antennas，J. Appl. Phys.，vol.19，no.12，pp.1163~1175（1948）
49) A. R. Lopez : Fundamental limitations of small antennas: validation of Wheeler's formulas，IEEE Antennas Propag. Mag.，vol.48，no.4，pp.28~36（2006）
50) 新井宏之：アンテナの大きさについて，信学論（B），vol.J86-B，no.9，p.1961（2003）
51) K. Hirasawa and M. Haneishi : Analysis, Design, and Measurement of Small and Low-profile Antennas，Artech House（1991）

6章

1) Klaus Finkenzeller : RFIDハンドブック，日刊工業新聞社（2004）
2) 日本テキサス・インスツルメンツ，http://www.tij.co.jp/（2010年12月現在）
3) 宇佐美光雄，石坂裕宣：世界最小の「ミューチップ」を実現する未来型アンテナ接続技術，電子情報通信学会誌，vol.87，no.11，pp.965~969（2004）
4) シンボルテクノロジー，http://www.symbol.com/（2010年12月現在）
5) 高出力型950MHz帯パッシブタグシステムの制度化，総務省報道資料，平成17

年 3 月 23 日,http://www.soumu.go.jp/s-news/2005/050323_10.html(2010 年 12 月現在)
6) 電子タグの活用普及,情報政策,経済産業省,http://www.meti.go.jp/policy/it_policy/tag/tag_top.htm(2010 年 12 月現在)
7) 国土交通省,http://www.mlit.go.jp/(2010 年 12 月現在)
8) 次世代空港システム技術研究組合,http://www.astrec.jp/(2010 年 12 月現在)
9) 山田吉英,杉尾嘉彦,伊藤公一:小形アンテナとシステム応用,ケイラボ出版(2004)
10) Woong Hyun Jung, Naobumi Michishita and Yoshihide Yamada : Efficiency improvement of normal mode helical antennas by folded configurations, Proceedings of InternationalSymposium on Antennas and Propagation, Seoul, Korea(2005)
11) 滝口將人,山田吉英:0.1 波長以下の超小形メアンダラインアンテナの電気特性,電子情報通信学会論文誌,vol.J87-B, no.9, pp.1336~1345(2004)
12) Naobumi Michishita, Yoshihide Yamada and Nobuaki Nakakura : Miniaturization of a small meander line antenna by loading a high er material, The 5th International Symposium on Multi-Dimensional Mobile Communications, pp.651~654, Beijing, China(2004)
13) Yoshihide Yamada and Naobumi Michishita : Antenna efficiency improvement of a miniaturized meander line antenna by loading a higher material, IEEE International Workshop on Antenna Technology: Small Antennas and Novel Metamaterials, pp.159~162, Singapore(2005)
14) Naobumi Michishita and Yoshihide Yamada : High efficiency achievement by dielectricmaterial loading for a piled type small meander line antenna, IEEE Antennas and Propagation Society International Symposium, Washington, D.C.(2003)
15) Naobumi Michishita and Yoshihide Yamada : High efficiency dielectric loaded piledtype small meander line antenna, Proceedings of International Symposium on Antennasand Propagation, Seoul, Korea(2005)
16) V. G. Vesalago : The electrodynamics of substances with simultaneously negative values of ε and μ, Sov. Phys. Usp., 10-4, pp.509~514(1968)
17) D. Sievenpiper et. al : High-impedance electromagnetic surfaces with a forbidden frequencyband, IEEE Trans. Microwave Theory Tech., 47, pp.2059~2074(1999)
18) H. Nakano et. al. : Effects on the radiation characteristics of using a corrugated reflectorwith a helical antenna and an electromagnetic band-gap reflector with a

spiral antenna, IEEE Trans. Antennas Propagat., 53. no. . 1, pp.191~199 (2005)
19) Fan Yang et. al. : Reflection phase characteristics of the EBG Ground Plane for LowProfileWire Antenna Applications, IEEE Trans. Antennas Propagat., 51. no.10, pp.2691~2703 (2003)
20) H. Nakano et.al. : A Wire inverted F antenna on a finite-sized EBG material, iWAT2004 (2004)
21) J. Kim, et. al. : Low-profile loop antenna above EBG structure, IEEE AP-S Int. AntennaPropagat. Symp. Dig. (2005)
22) J. B. Pendry, et. al. : Extremely low frequency plasmons in metallic microstructures, Phys. Rev. Lett., 76-25, pp.4773~4776 (1996)
23) J. B Pendry. et. al. : Magnetism from conductors and enhanced nonlinear phenomena, IEEE Trans. Microwave Theory Tech., 47, pp.2075~2084 (1999)
24) D. R. Smith et. al. : Composite medium with simultaneously negative permeability and permittivity, Phys Rev Lett., 84-18, pp.4184~4187 (2000)
25) D. R. Smith and N. Kroll : Negative refractive index in left-handed materials, Phys. Rev. Lett., 85-14, pp.2933~2936 (2000)
26) K. Sarabandi and H. Mosallaei : Embedded-circuit meta-materials for novel design of tunable electro-ferromagnetic permeability, band-gap, and bi-anisotropic media, IEEEAP-S Int. Antenna Propagat. Symp. Dig. (2003)
27) M. E. Ermulu et. al. : Miniaturization of patch antennas with new artificial magnetic layers, iWAT2004 (2004)
28) C. Caloz et. al. : Transmission line approach of left-handed (LH) materials, USNC/URSI Nat. Radio Science Meeting, 1, 39 (2002)
29) A. K. Iyer and G. V. Eleftheriades : Negative refractive index metamaterials supporting 2-D waves, IEEE MTT-S Int. Microwave Symp. Dig., 2, pp.1067~1070 (2002)
30) C. Caloz and T. Itoh : Transmission line approach of left-handed (LH) materials and microstrip implementation of an artificial LH transmission line, IEEE Trans. Antennas Propagat., 52, pp.1159~1166 (2004)
31) A. Lai et. al : Composite right/left-handed transmission line, IEEE Microwave Magazine, vol.5, no.3, pp.34~50 (2004)
32) C. Caloz et. al. : Electromagnetic metamaterials: transmission line theory and microwave applications, New York : Wiely (2004)
33) A. Sanada, et. al. : Planar distributed structures with negative refractive index, IEEE Trans. Microwave Theory Tech., 52-4, pp.1252~1263 (2004)

34) A. Sanada, et. al. : A planar zeroth order resonator antenna using a left-handed transmission line, European Microwave Conf. (2004)
35) 真田 他：左手系零次共振器を用いた小型平面アンテナについて，2004 年電子情報通信学会 C-2-93（2004）
36) C. J. Lee et. al. : Desgin of resonant small antenna using compsite right/left-handed transmission line antenna, IEEE AP-S Int. Antenna Propagat. Symp. Dig. (2005)
37) R. W. Ziolkowski, et. al : Application of double negative materials to increase the power radiated by electrically small antenna, IEEE Trans. Antennas Propagat., 51. no.10, pp.2626~2640. 45 (2003)
38) R. W. Ziolkowski : Applications of metamaterials to realize efficient electrically small antennas, iWAT2004 (2004)

索　引

【い】
位相定数　3
板状逆Fアンテナ　40
イメージ理論　18

【え】
円筒座標　13

【か】
ガウスの発散定理　10
下限 Q 値　48

【き】
機能的小形アンテナ　27
球座標　13
球面波　13

【く】
グリーン関数　12

【け】
減衰定数　3

【し】
指向性　20
　──利得　23
自己平衡作用　101
実効利得　23
準静電界　16

【す】
スカラポテンシャル　10
ステップアップ比　100
ストークスの定理　9
寸法制約付小形アンテナ　27

【せ】
絶対利得　22

【そ】
相対利得　22

【た】
帯域幅　42

【ち】
直列共振　23
直角座標　13

【て】
電圧定在波比　6
電気的小形アンテナ　26
電気的体積　44
伝搬定数　3

【と】
透磁率　8
等方性アンテナ　22
特性インピーダンス　3
トップローディング　29

【の】
ノーマルモードヘリカル
　アンテナ　33, 145

【は】
パターン積分法　85
バラン　69

【ひ】
微小ダイポールアンテナ　14
微小ループアンテナ　14
比透磁率　8

【ふ】
比誘電率　8
物理的小形アンテナ　27
不平衡給電型アンテナ　73

【へ】
平衡給電型アンテナ　73
平衡・不平衡変換器　69
平面波　13
並列共振　23
ベクトルポテンシャル　10

【ほ】
放射効率　85
放射電磁界　16

【ま】
マイクロストリップ
　アンテナ　36

【み】
ミューチップ　139

【む】
無負荷 Q　43

【め】
メアンダライン
　アンテナ　147
メタマテリアル　155

【も】
モーメント法　105

【ゆ】
有限積分法　106
有限要素法　105

| 誘電率 | 8 |
| 誘導電磁界 | 16 |

【ら】

| ラジアン球 | 26 |
| ランダムフィールド法 | 85 |

【り】

| 利得 | 22 |

【B】

| Balun | 69 |

【C】

| CRLH | 165 |

【D】

| DNG | 155 |

【E】

| EBG 構造 | 155 |

【F】

| FDTD 法 | 105 |

【L】

| LH 材料 | 155 |

【O】

| OSL 法 | 83 |

【Q】

| Q 値 | 43 |
| Q ファクタ法 | 85 |

【R】

| RFID | 138 |

【V】

| VSWR | 6 |

【W】

| Wheeler cap 法 | 85 |

―― 著者略歴 ――

- 1980年　防衛大学校（電気工学専門）卒業
- 1990年　筑波大学大学院工学研究科博士課程修了（物理工学専攻）
　　　　　工学博士
- 1990年　航空自衛隊航空開発実験集団
- 1992年　防衛大学校助手
- 1994年　防衛大学校講師
- 1996年　マクマスタ大学客員研究員（1年間）
- 1997年　防衛大学校助教授
- 2004年　防衛大学校教授
　　　　　現在に至る

小形アンテナの基礎
Fundamentals of Small Antennas　　　　　　　Ⓒ Hisashi Morishita 2011

2011年5月18日　初版第1刷発行　　　　　　　　　★

|検印省略|

著　者　　森　下　　　久
発行者　　株式会社　コロナ社
　　　　　代表者　牛来真也
印刷所　　新日本印刷株式会社

112-0011　東京都文京区千石 4-46-10
発行所　株式会社　コ ロ ナ 社
CORONA PUBLISHING CO., LTD.
Tokyo　Japan
振替 00140-8-14844・電話(03)3941-3131(代)
ホームページ　http://www.coronasha.co.jp

ISBN 978-4-339-00825-8　（柏原）　　（製本：愛千製本所）
Printed in Japan

本書のコピー，スキャン，デジタル化等の
無断複製・転載は著作権法上での例外を除
き禁じられております。購入者以外の第三
者による本書の電子データ化及び電子書籍
化は，いかなる場合も認めておりません。

落丁・乱丁本はお取替えいたします

大学講義シリーズ
(各巻A5判，欠番は品切です)

配本順	書名	著者	頁	定価
(2回)	通信網・交換工学	雁部 頴一著	274	3150円
(3回)	伝　送　回　路	古賀 利郎著	216	2625円
(4回)	基礎システム理論	古田・佐野共著	206	2625円
(6回)	電力系統工学	関根 泰次他著	230	2415円
(7回)	音響振動工学	西山 静男他著	270	2730円
(10回)	基礎電子物性工学	川辺 和夫他著	264	2625円
(11回)	電　磁　気　学	岡本 允夫著	384	3990円
(12回)	高　電　圧　工　学	升谷・中田共著	192	2310円
(14回)	電波伝送工学	安達・米山共著	304	3360円
(15回)	数　値　解　析 (1)	有本　卓著	234	2940円
(16回)	電子工学概論	奥田 孝美著	224	2835円
(17回)	基礎電気回路 (1)	羽鳥 孝三著	216	2625円
(18回)	電力伝送工学	木下 仁志他著	318	3570円
(19回)	基礎電気回路 (2)	羽鳥 孝三著	292	3150円
(20回)	基礎電子回路	原田 耕介他著	260	2835円
(21回)	計算機ソフトウェア	手塚・海尻共著	198	2520円
(22回)	原子工学概論	都甲・岡共著	168	2310円
(23回)	基礎ディジタル制御	美多　勉他著	216	2520円
(24回)	新電磁気計測	大照　完他著	210	2625円
(25回)	基礎電子計算機	鈴木 久喜他著	260	2835円
(26回)	電子デバイス工学	藤井 忠邦著	274	3360円
(27回)	マイクロ波・光工学	宮内 一洋他著	228	2625円
(28回)	半導体デバイス工学	石原　宏著	264	2940円
(29回)	量子力学概論	権藤 靖夫著	164	2100円
(30回)	光・量子エレクトロニクス	藤岡・小原・齊藤共著	180	2310円
(31回)	ディジタル回路	高橋　寛他著	178	2415円
(32回)	改訂回路理論 (1)	石井 順也著	200	2625円
(33回)	改訂回路理論 (2)	石井 順也著	210	2835円
(34回)	制　御　工　学	森　泰親著	234	2940円
(35回)	新版 集積回路工学 (1) ――プロセス・デバイス技術編――	永田・柳井共著	270	3360円
(36回)	新版 集積回路工学 (2) ――回路技術編――	永田・柳井共著	300	3675円

以下続刊

電気機器学　中西・正田・村上共著	電気・電子材料　水谷 照吉他著
半導体物性工学　長谷川英機他著	情報システム理論　長谷川・高橋・笠原共著
数値解析 (2)　有本 卓著	現代システム理論　神山 真一著

定価は本体価格+税5％です。
定価は変更されることがありますのでご了承下さい。

◆図書目録進呈◆

電子情報通信レクチャーシリーズ

■(社)電子情報通信学会編　(各巻B5判)
白ヌキ数字は配本順を表します。

配本	記号	書名	著者	頁	定価
⑭	A-2	電子情報通信技術史 ―おもに日本を中心としたマイルストーン―	「技術と歴史」研究会編	276	4935円
⑥	A-5	情報リテラシーとプレゼンテーション	青木由直著	216	3570円
⑲	A-7	情報通信ネットワーク	水澤純一著	192	3150円
⑨	B-6	オートマトン・言語と計算理論	岩間一雄著	186	3150円
❶	B-10	電磁気学	後藤尚久著	186	3045円
⑳	B-11	基礎電子物性工学―量子力学の基本と応用―	阿部正紀著	154	2835円
❹	B-12	波動解析基礎	小柴正則著	162	2730円
❷	B-13	電磁気計測	岩崎俊著	182	3045円
⑬	C-1	情報・符号・暗号の理論	今井秀樹著	220	3675円
㉕	C-3	電子回路	関根慶太郎著	190	3465円
㉑	C-4	数理計画法	山下・福島共著	192	3150円
⑰	C-6	インターネット工学	後藤・外山共著	162	2940円
❸	C-7	画像・メディア工学	吹抜敬彦著	182	3045円
⑪	C-9	コンピュータアーキテクチャ	坂井修一著	158	2835円
❽	C-15	光・電磁波工学	鹿子嶋憲一著	200	3465円
㉒	D-3	非線形理論	香田徹著	208	3780円
㉓	D-5	モバイルコミュニケーション	中川・大槻共著	176	3150円
⑫	D-8	現代暗号の基礎数理	黒澤・尾形共著	198	3255円
⑱	D-11	結像光学の基礎	本田捷夫著	174	3150円
❺	D-14	並列分散処理	谷口秀夫著	148	2415円
⑯	D-17	VLSI工学―基礎・設計編―	岩田穆著	182	3255円
⑩	D-18	超高速エレクトロニクス	中村・三島共著	158	2730円
㉔	D-23	バイオ情報学 ―パーソナルゲノム解析から生体シミュレーションまで―	小長谷明彦著	172	3150円
❼	D-24	脳工学	武田常広著	240	3990円
⑮	D-27	VLSI工学―製造プロセス編―	角南英夫著	204	3465円

以下続刊

共通
A-1	電子情報通信と産業	西村吉雄著
A-3	情報社会・セキュリティ・倫理	辻井重男著
A-4	メディアと人間	原島・北川共著
A-6	コンピュータと情報処理	村岡洋一著
A-8	マイクロエレクトロニクス	亀山充隆著
A-9	電子物性とデバイス	益・天川共著

基礎
B-1	電気電子基礎数学	大石進一著
B-2	基礎電気回路	篠田庄司著
B-3	信号とシステム	荒川薫著
B-4	確率過程と信号処理	酒井英昭著
B-5	論理回路	安浦寛人著
B-7	コンピュータプログラミング	富樫敦著
B-8	データ構造とアルゴリズム	
B-9	ネットワーク工学	仙石・田村・中野共著

基盤
C-2	ディジタル信号処理	西原明法著
C-5	通信システム工学	三木哲也著
C-8	音声・言語処理	広瀬啓吉著
C-10	オペレーティングシステム	徳田英幸著
C-11	ソフトウェア基礎	外山芳人著
C-12	データベース	田中克己著
C-13	集積回路設計	浅田邦博著
C-14	電子デバイス	和保孝夫著
C-16	電子物性工学	奥村次徳著

展開
D-1	量子情報工学	山崎浩一著
D-2	複雑性科学	松本隆編著
D-4	ソフトコンピューティング	山川・堀尾共著
D-6	モバイルコンピューティング	中島達夫著
D-7	データ圧縮	谷本正幸著
D-10	ヒューマンインタフェース	西田・加藤共著
D-12	コンピュータグラフィックス	山本強著
D-13	自然言語処理	松本裕治著
D-15	電波システム工学	唐沢好男著
D-16	電磁環境工学	徳田正満著
D-19	量子効果エレクトロニクス	荒川泰彦著
D-20	先端光エレクトロニクス	大津元一著
D-21	先端マイクロエレクトロニクス	小柳・田中共編著
D-22	ゲノム情報処理	高木・小池編著
D-25	生体・福祉工学	伊福部達著
D-26	医用工学	菊地眞編著

定価は本体価格+税5%です。
定価は変更されることがありますのでご了承下さい。

◆図書目録進呈◆